쏙셈+ 플러스

"연산 문제는 잘 푸는데 문장제만 보면 머리가 멍해져요."

"문제를 어떻게 풀어야 할지 모르겠어요."

"문제에서 무엇을 구해야 할지 이해하기가 힘들어요."

연산 문제는 척척 풀 수 있는데

문장제를 보면 문제를 풀기도 전에

어렵게 느껴지나요?

하지만 연산 문제도 처음부터 쉬웠던 것은 아닐 거예요.

반복 학습을 통해 계산법을 익히면서 잘 풀게 된 것이죠.

문장제를 학습할 때에도 마찬가지입니다.

단순하게 연산만 적용하는 문제부터 점점 난이도를 높여 가며,

문제를 이해하고 풀이 과정을 반복하여 연습하다 보면

문장제에 대한 두려움은 사라지고

아무리 복잡한 문장제라도 척척 풀어낼 수 있을 거예요.

『하루 한장 쏙셈＋』은

가장 단순한 문장제부터 한 단계 높은 응용 문제까지

알차게 구성하였어요.

자, 우리 함께 시작해 볼까요?

구성과 특징

1일차

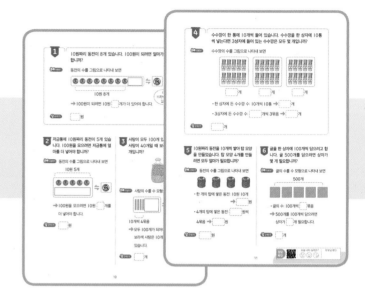

- 주제별 개념을 확인합니다.

- 개념을 확인하는 기본 문제를 풀며 실력을 점검합니다.

- 주제별로 가장 단순한 문장제를 『문제 이해하기 ➡ 식 세우기 ➡ 답 구하기』 단계를 따라가며 풀어 보면서 문제풀이의 기초를 다집니다.

- 문제는 예제, 유제 형태로 구성되어 있어 반복 학습이 가능합니다.

2일차

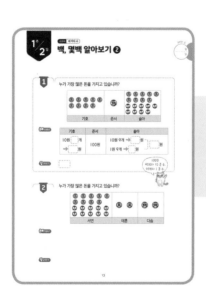

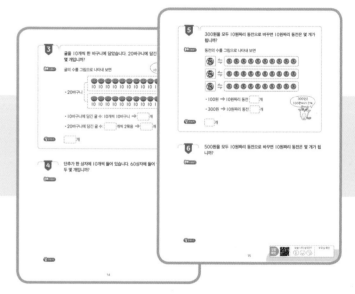

- 1일차 학습 내용을 다시 한 번 확인합니다.

- 주제별 1일차보다 난이도 있는 다양한 유형의 문제를 예제, 유제 형태로 구성하였습니다.

- 교과서에서 다루고 있는 문제 중에서 교과 역량을 키울 수 있는 문제를 선별하여 수록하였습니다.

- 창의력을 키우는 수학 놀이터로 하루 학습을 마무리합니다.
- 학습에 대한 부담은 줄이고, 수학에 대한 흥미, 자신감을 최대로 끌어올릴 수 있습니다.

쏙셈＋는
주제별로 2일 학습으로 구성되어 있습니다.

1일차 학습을 통해 **기본 개념**을 다지고,

2일차 학습을 통해 **문장제 적용 훈련**을 할 수 있습니다.

- 창의력을 키우는 수학 놀이터로 하루 학습을 마무리합니다.
- 학습에 대한 부담은 줄이고, 수학에 대한 흥미, 자신감을 최대로 끌어올릴 수 있습니다.

단원의 마무리 학습

- 단원에서 배웠던 내용을 되짚어 보며 실력을 점검합니다.
- 수학적으로 생각하는 힘을 키울 수 있는 문제를 수록하였습니다.

차례

🌸 세 자리 수

🌸 덧셈과 뺄셈

🌸 곱셈

『하루 한장 쏙셈＋』
이렇게 활용해요!

교과서와 연계 학습을!

교과서에 따른 모든 영역별 연산 부분에서 다양한 유형의 문장제를 만날 수 있습니다.
『하루 한장 쏙셈＋』은 학기별 교과서와 연계되어 있으므로 방학 중 선행 학습 교재나
학기 중 진도 교재로 사용할 수 있습니다.

실력이 쏙쏙!

수학의 기본이 되는 연산 학습을 체계적으로 학습했다면, 문장으로 된 문제를 이해하
고 어떻게 풀어야 하는지 수학적으로 사고하는 힘을 길러야 합니다.
『하루 한장 쏙셈＋』으로 문제를 이해하고 그에 맞게 식을 세워서 풀이하는 과정을 반
복함으로써 문제 푸는 실력을 키울 수 있습니다.

문장제를 집중적으로!

문장제는 연산을 적용하는 가장 단순한 문제부터 난이도를 점점 높여 가며 문제 푸는
과정을 반복하는 학습이 필요합니다. 『하루 한장 쏙셈＋』으로 문장제를 해결하는 과
정을 집중적으로 훈련하면 특정 문제에 대한 풀이가 아닌 어떤 문제를 만나도 스스로
해결 방법을 생각해 낼 수 있는 힘을 기를 수 있습니다.

세 자리 수

이렇게 배우고 있어요!

배운 내용

[1-2]
• 100까지의 수

단원 내용

• 백, 몇백 알아보기
• 세 자리 수 쓰고 읽기
• 각 자리의 숫자가 나타내는 값 알아보기
• 세 자리 수의 순서
• 세 자리 수의 크기 비교하기

배울 내용

[2-2]
• 네 자리 수

학습 계획 세우기

공부할 내용에 대한 계획을 세우고,
학습해 보아요!

		학습 계획일	
1주 1일	백, 몇백 알아보기 ❶	월	일
1주 2일	백, 몇백 알아보기 ❷	월	일
1주 3일	세 자리 수 알아보기	월	일
1주 4일	자릿값 알아보기 ❶	월	일
1주 5일	자릿값 알아보기 ❷	월	일
2주 1일	뛰어서 세기 ❶	월	일
2주 2일	뛰어서 세기 ❷	월	일
2주 3일	수의 크기 비교하기 ❶	월	일
2주 4일	수의 크기 비교하기 ❷	월	일
2주 5일	단원 마무리	월	일

백, 몇백 알아보기 ❶

- 10이 10개이면 100입니다.
- 100은 90보다 10만큼 더 큰 수입니다.

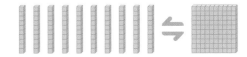 ⇆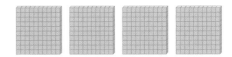

- 100이 4개이면 400입니다.

**실력
확인하기**

반칸에 알맞은 수를 써넣으시오.

1

2

3

4

5

1 10원짜리 동전이 8개 있습니다. 100원이 되려면 얼마가 더 있어야 합니까?

문제 이해하기 동전의 수를 그림으로 나타내 보면

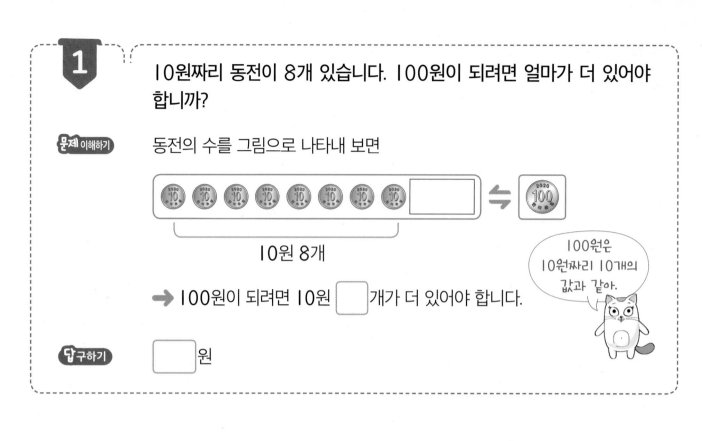

10원 8개

→ 100원이 되려면 10원 [ ]개가 더 있어야 합니다.

100원은 10원짜리 10개의 값과 같아.

답 구하기 [ ]원

---

2 저금통에 10원짜리 동전이 5개 있습니다. 100원을 모으려면 저금통에 얼마를 더 넣어야 합니까?

문제 이해하기 동전의 수를 그림으로 나타내 보면

10원 5개

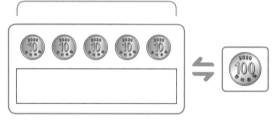

→ 100원을 모으려면 10원 [ ]개를 더 넣어야 합니다.

답 구하기 [ ]원

---

3 사탕이 모두 100개 있습니다. 노란색 사탕이 40개일 때 보라색 사탕은 몇 개입니까?

40개

문제 이해하기 사탕의 수를 수 모형으로 나타내 보면

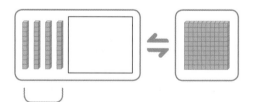

10개씩 4묶음

→ 모두 100개가 되어야 하므로 보라색 사탕은 10개씩 [ ]묶음 있습니다.

답 구하기 [ ]개

4

수수깡이 한 통에 10개씩 들어 있습니다. 수수깡을 한 상자에 10통씩 넣는다면 3상자에 들어 있는 수수깡은 모두 몇 개입니까?

문제 이해하기 수수깡의 수를 그림으로 나타내 보면

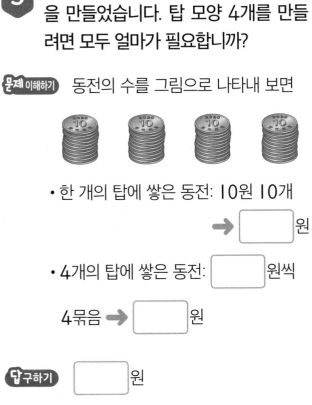

[ ]개   [ ]개   [ ]개

- 한 상자에 든 수수깡 수: 10개씩 10통 ➡ [ ]개

- 3상자에 든 수수깡 수: [ ]개씩 3묶음 ➡ [ ]개

답 구하기 [ ]개

---

5 10원짜리 동전을 10개씩 쌓아 탑 모양을 만들었습니다. 탑 모양 4개를 만들려면 모두 얼마가 필요합니까?

문제 이해하기 동전의 수를 그림으로 나타내 보면

- 한 개의 탑에 쌓은 동전: 10원 10개

  ➡ [ ]원

- 4개의 탑에 쌓은 동전: [ ]원씩

  4묶음 ➡ [ ]원

답 구하기 [ ]원

---

6 귤을 한 상자에 100개씩 담으려고 합니다. 귤 500개를 담으려면 상자가 몇 개 필요합니까?

문제 이해하기 귤의 수를 수 모형으로 나타내 보면

500개

- 귤의 수: 100개씩 [ ]묶음

➡ 500개를 100개씩 담으려면

  상자가 [ ]개 필요합니다.

답 구하기 [ ]개

재미있는 수학 놀이터

동전 타일 방 탈출!

친구들이 동전 타일이 깔려 있는 방에 갇혔어요! 방에서 탈출하려면 동전을 200원만큼 묶어야 한대요. 탈출할 수 있는 친구를 모두 찾아 ○표 하세요.

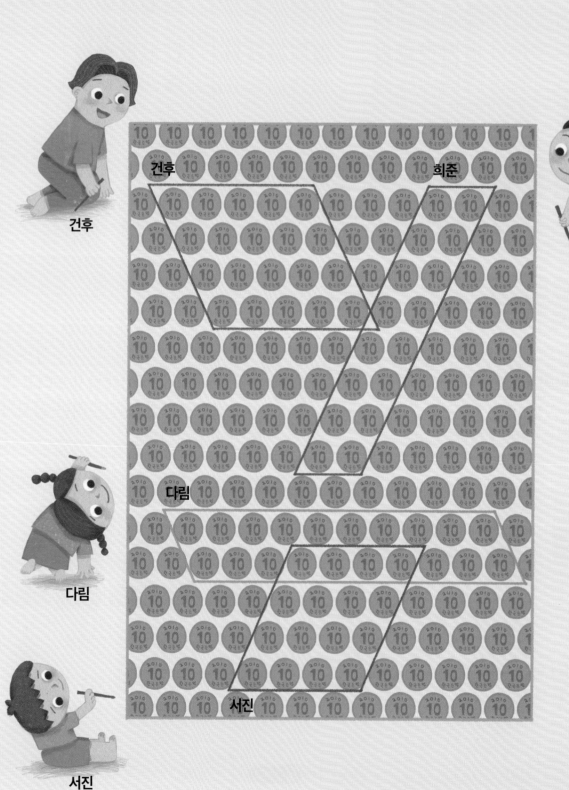

건후

희준

다림

서진

교과서 세 자리 수

백, 몇백 알아보기 ❷

1 누가 가장 많은 돈을 가지고 있습니까?

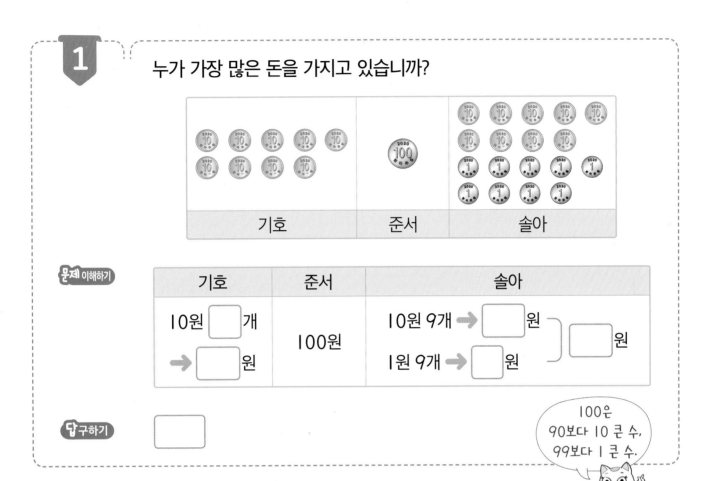

기호	준서	솔아

문제 이해하기

기호	준서	솔아
10원 ☐ 개 ➡ ☐ 원	100원	10원 9개 ➡ ☐ 원 ⎱ ☐ 원 1원 9개 ➡ ☐ 원 ⎰

답구하기 ☐

> 100은 90보다 10 큰 수, 99보다 1 큰 수.

2 누가 가장 많은 돈을 가지고 있습니까?

서연	태훈	다솜

문제 이해하기

답구하기

3

귤을 10개씩 한 바구니에 담았습니다. 20바구니에 담긴 귤은 모두 몇 개입니까?

문제 이해하기

귤의 수를 그림으로 나타내 보면

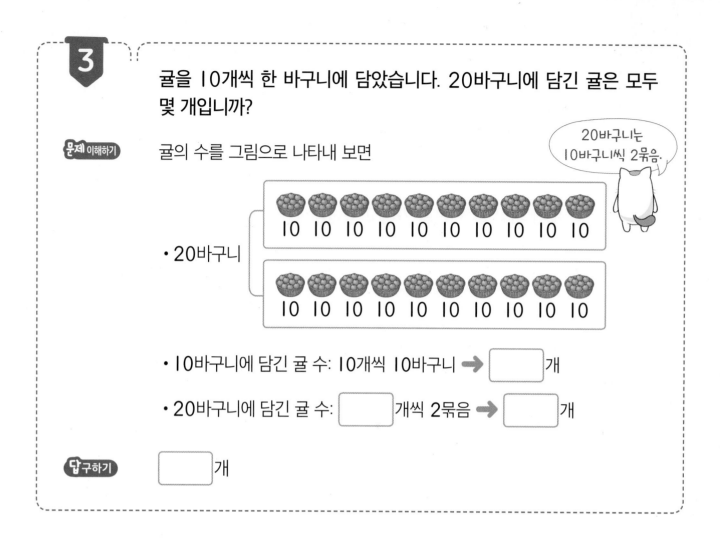

· 10바구니에 담긴 귤 수: 10개씩 10바구니 ➡ ☐ 개

· 20바구니에 담긴 귤 수: ☐ 개씩 2묶음 ➡ ☐ 개

답구하기 ☐ 개

4

단추가 한 상자에 10개씩 들어 있습니다. 60상자에 들어 있는 단추는 모두 몇 개입니까?

 문제 이해하기

답구하기

300원을 모두 10원짜리 동전으로 바꾸면 10원짜리 동전은 몇 개가 됩니까?

문제 이해하기

동전의 수를 그림으로 나타내 보면

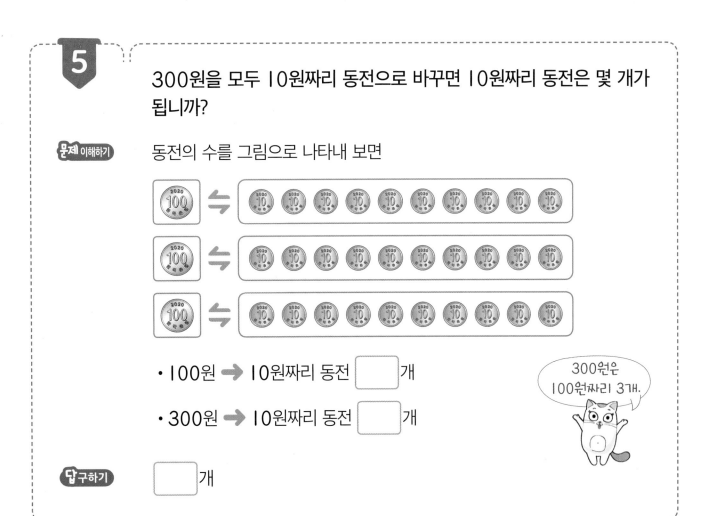

- 100원 ➡ 10원짜리 동전 [ ]개

- 300원 ➡ 10원짜리 동전 [ ]개

300원은 100원짜리 3개.

답 구하기   [ ]개

500원을 모두 10원짜리 동전으로 바꾸면 10원짜리 동전은 몇 개가 됩니까?

문제 이해하기

답 구하기

동전 비가 내려요

하늘에서 100원짜리, 50원짜리, 10원짜리 동전이 쏟아지네요. 동전 지갑에 써 있는 금액만큼 동전을 묶어 지갑 안으로 넣어 보세요. 지갑과 가까이 있는 동전부터 넣어야 해요!

교과서 세 자리 수

세 자리 수 알아보기

100이 2개, 10이 4개, 1이 5개이면 245입니다.

백 모형	십 모형	일 모형
100이 2개	10이 4개	1이 5개

실력 확인하기

빈칸에 알맞은 수를 써넣으시오.

1 100이 5개
10이 7개
1이 4개

2 100이 9개
10이 8개
1이 1개

3 100이 4개
10이 3개
1이 1개

4 100이 1개
10이 7개
1이 6개

5 100이 3개
10이 1개
1이 0개

6 100이 8개
10이 0개
1이 9개

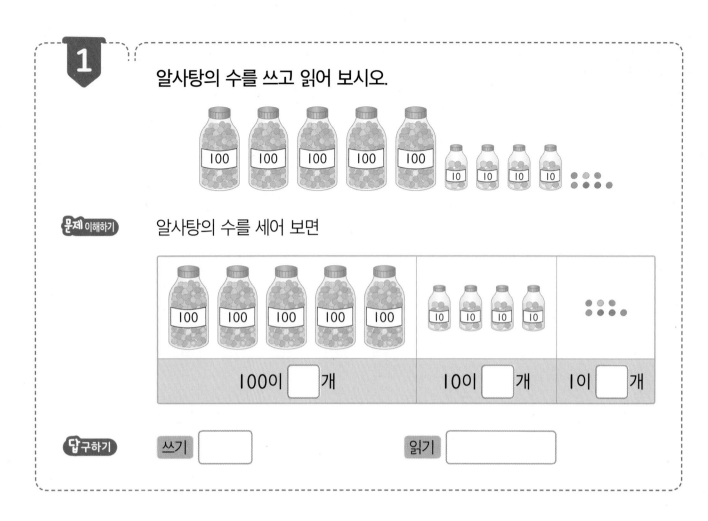

1 알사탕의 수를 쓰고 읽어 보시오.

문제 이해하기 알사탕의 수를 세어 보면

100이 ☐ 개	10이 ☐ 개	1이 ☐ 개

답구하기 쓰기 ☐   읽기 ☐

---

2 김의 수를 쓰고 읽어 보시오.

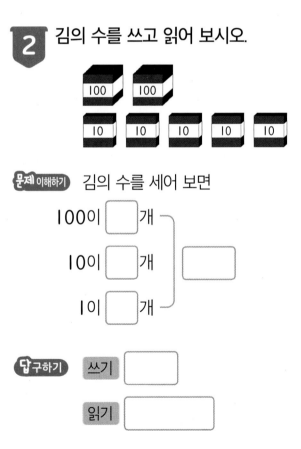

문제 이해하기 김의 수를 세어 보면

100이 ☐ 개
10이 ☐ 개   ☐
1이 ☐ 개

답구하기 쓰기 ☐

읽기 ☐

---

3 클립의 수를 쓰고 읽어 보시오.

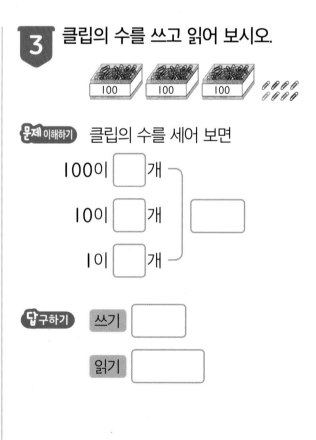

문제 이해하기 클립의 수를 세어 보면

100이 ☐ 개
10이 ☐ 개   ☐
1이 ☐ 개

답구하기 쓰기 ☐

읽기 ☐

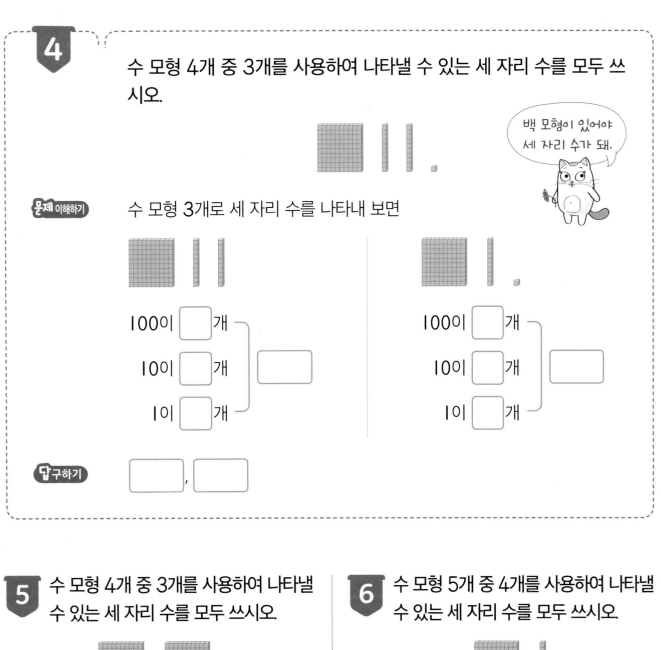

4 수 모형 4개 중 3개를 사용하여 나타낼 수 있는 세 자리 수를 모두 쓰시오.

백 모형이 있어야 세 자리 수가 돼.

문제 이해하기 수 모형 3개로 세 자리 수를 나타내 보면

100이 ☐ 개
10이 ☐ 개
1이 ☐ 개

100이 ☐ 개
10이 ☐ 개
1이 ☐ 개

답 구하기 ☐ , ☐

---

5 수 모형 4개 중 3개를 사용하여 나타낼 수 있는 세 자리 수를 모두 쓰시오.

문제 이해하기 세 자리 수를 나타내 보면

· 100이 ☐ 개, 10이 0개, 1이 ☐ 개

➡ ☐

· 100이 1개, 10이 ☐ 개, 1이 ☐ 개

➡ ☐

답 구하기 ☐ , ☐

---

6 수 모형 5개 중 4개를 사용하여 나타낼 수 있는 세 자리 수를 모두 쓰시오.

문제 이해하기 세 자리 수를 나타내 보면

· 100이 ☐ 개, 10이 ☐ 개,

1이 ☐ 개 ➡ ☐

· 100이 ☐ 개, 10이 0개, 1이 ☐ 개

➡ ☐

답 구하기 ☐ , ☐

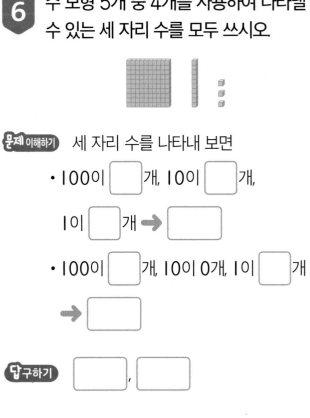

이상한 자판기

음료수 하나를 살 때 동전을 딱 두 개씩만 넣을 수 있는 자판기가 있어요. 혜지는 500원짜리, 100원짜리, 50원짜리, 10원짜리 동전을 여러 개씩 가지고 있어요. 혜지가 자판기에서 뽑을 수 없는 음료수에 ○표 하세요.

20

교과서 세 자리 수

자릿값 알아보기 ❶

| 5 | 5 | 5 |

➡ 555=500+50+5

5	0	0
	5	0
		5

5는 백의 자리 숫자이고, 500을 나타냅니다.

5는 십의 자리 숫자이고, 50을 나타냅니다.

5는 일의 자리 숫자이고, 5를 나타냅니다.

실력
확인하기

빈칸에 알맞은 수를 써넣으시오.

1 452

백	십	일
4		

➡ 452= ☐ +50+2

2 873

백	십	일

➡ 873=800+ ☐ +3

3 381

백	십	일

➡ 381=300+80+ ☐

4 170

백	십	일

➡ 170=100+ ☐ +0

1

숫자 4가 나타내는 값이 가장 큰 수를 고르시오.

| 694 | 741 | 482 |

문제 이해하기   숫자 4가 나타내는 값을 각각 알아보면

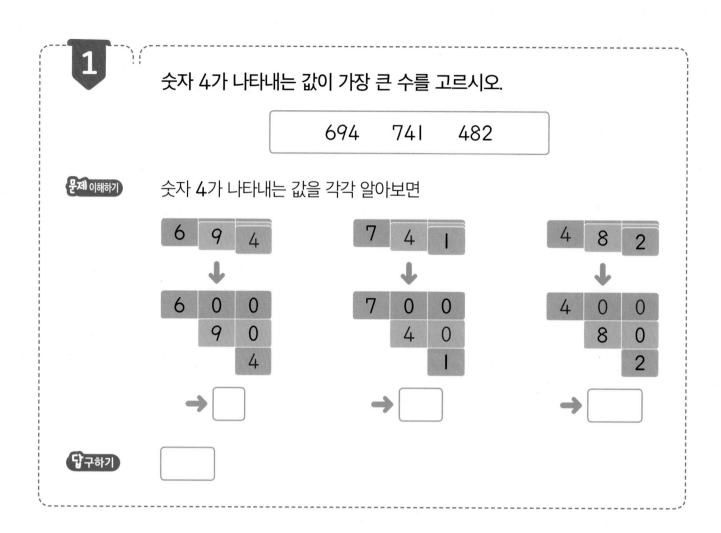

6	9	4
6	0	0
	9	0
		4

→ ☐

7	4	1
7	0	0
	4	0
		1

→ ☐

4	8	2
4	0	0
	8	0
		2

→ ☐

답 구하기   ☐

2

숫자 8이 나타내는 값이 가장 작은 수를 고르시오.

| 780 | 807 | 708 |

문제 이해하기   780 → ☐ 의 자리 숫자 8은

☐ 을 나타냅니다.

807 → ☐ 의 자리 숫자 8은

☐ 을 나타냅니다.

708 → ☐ 의 자리 숫자 8은

☐ 을 나타냅니다.

답 구하기   ☐

3

다음 중 밑줄 친 숫자가 나타내는 값이 가장 큰 수를 고르시오.

| 15<u>5</u>   <u>3</u>03   9<u>9</u>1 |

문제 이해하기   15<u>5</u> → ☐ 의 자리 숫자 5는

☐ 를 나타냅니다.

<u>3</u>03 → ☐ 의 자리 숫자 3은

☐ 을 나타냅니다.

9<u>9</u>1 → ☐ 의 자리 숫자 9는

☐ 을 나타냅니다.

답 구하기   ☐

274를 ■■▲▲▲▲▲▲○○○○와 같이 나타냈습니다. 같은 방법으로 나타낸 다음 수는 얼마입니까?

■■■▲▲○○○○○

문제 이해하기 274에서 각 모양이 얼마를 나타내는지 알아보면

100이 2개 ■가 [ ]개   ■는 [ ]

10이 7개 ▲가 [ ]개 ➡ ▲는 [ ]   을 나타냅니다.

1이 4개 ○가 [ ]개   ○는 [ ]

■■■▲▲○○○○○가 나타내는 수는

[ ]이 3개, [ ]이 2개, [ ]이 5개인 수입니다.

답 구하기 [ ]

---

5 613을 ♥♥♥♥♥♥◆★★★과 같이 나타냈습니다. 같은 방법으로 나타낸 ♥◆◆◆◆★★은 얼마입니까?

문제 이해하기
· 613은 100이 6개, 10이 1개, 1이 3개인 수이므로 ♥는 [ ],

◆는 [ ], ★은 [ ]을 나타냅니다.

· 주어진 수는 ♥가 [ ]개, ◆가 [ ]개,

★이 [ ]개이므로 100이 [ ]개,

10이 [ ]개, 1이 [ ]개인 수입니다.

답 구하기 [ ]

---

6 450을 [보기]와 같은 방법으로 나타내 보시오.

[보기]
236 ➡ ##@ @ @!!!!!!

문제 이해하기
· 236은 100이 2개, 10이 3개, 1이 6개인 수이므로 #은 [ ],

@는 [ ], !는 [ ]을 나타냅니다.

· 450은 100이 [ ]개, 10이 [ ]개인 수이므로 # [ ]개, @ [ ]개로 나타냅니다.

답 구하기 [ ]

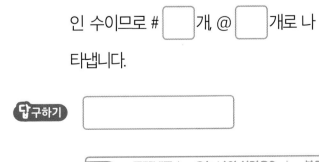

정답 확인   오늘 나의 실력은?   부모님 확인

자릿값 선풍기

파란색 숫자가 나타내는 값이 선풍기에 붙어 있는 수와 같으면 종이가 날아
간대요. 두 대의 선풍기를 틀었을 때 날아가지 않는 종이를 모두 찾아 ○표
하세요.

교과서 세 자리 수

자릿값 알아보기 ❷

1 수 카드 3장을 한 번씩만 사용하여 백의 자리 숫자가 900을 나타내는 세 자리 수를 모두 만드시오.

| 2 | 9 | 0 |

문제 이해하기

• 백의 자리 숫자가 900을 나타내는 세 자리 수 ➡ ☐ ▢ ▢

• 십의 자리나 일의 자리에 올 수 있는 숫자는 ☐ , ☐ 이므로

백	십	일
☐	☐	☐
	☐	☐

답 구하기 ☐ , ☐

2 수 카드 3장을 한 번씩만 사용하여 십의 자리 숫자가 30을 나타내는 세 자리 수를 모두 만드시오.

| 1 | 4 | 3 |

문제 이해하기

답 구하기

100원짜리 동전 4개, 10원짜리 동전 12개, 1원짜리 동전 3개는 모두 얼마입니까?

 10원짜리 10개를 100원짜리 1개로 바꾸어 나타내 보면

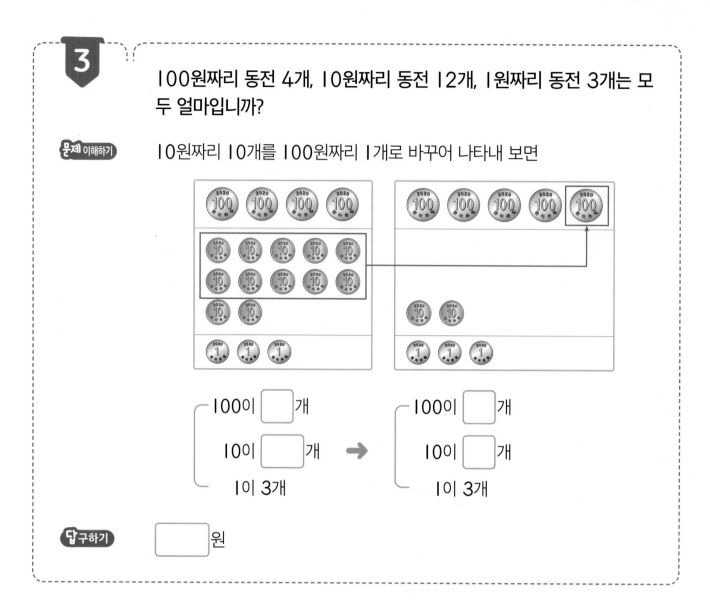

```
┌ 100이 [ ]개          ┌ 100이 [ ]개
│                      │
│ 10이 [ ]개     →     │ 10이 [ ]개
│                      │
└ 1이 3개              └ 1이 3개
```

 [   ]원

100원짜리 동전 2개, 10원짜리 동전 15개, 1원짜리 동전 6개는 모두 얼마입니까?

문제 이해하기

답구하기

5

동전 4개 중 3개를 사용하여 나타낼 수 있는 세 자리 수를 모두 쓰시오.

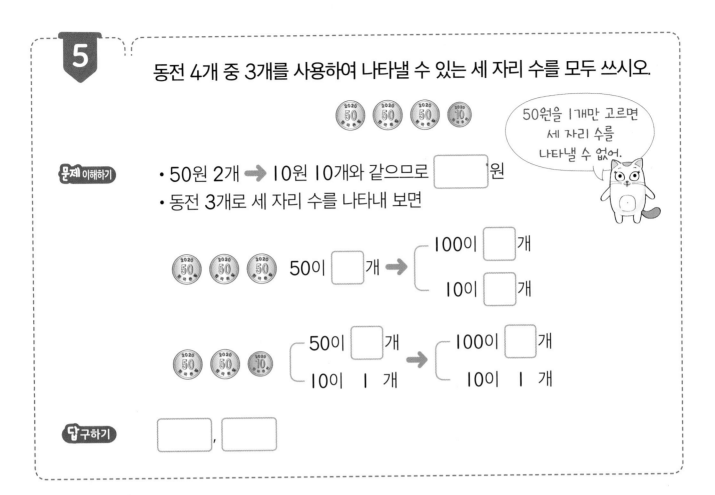

문제 이해하기

50원을 1개만 고르면 세 자리 수를 나타낼 수 없어.

- 50원 2개 ➡ 10원 10개와 같으므로 [ ]원
- 동전 3개로 세 자리 수를 나타내 보면

50이 [ ]개 ➡ 100이 [ ]개 / 10이 [ ]개

50이 [ ]개 / 10이 1개 ➡ 100이 [ ]개 / 10이 1개

답 구하기 [ ] , [ ]

6

동전 4개 중 3개를 사용하여 나타낼 수 있는 세 자리 수를 모두 쓰시오.

문제 이해하기

답 구하기

동전을 몇 개 낼까요?

민기가 100원짜리, 50원짜리 동전을 여러 개씩 가지고 벼룩시장에 갔어요.
민기가 고른 모자를 사려면 동전을 각각 몇 개씩 내야 할까요?

	100	50
방법1	4개	1개
방법2	☐개	☐개
방법3	☐개	☐개
방법4	☐개	☐개
방법5	0개	☐개

450원

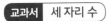 교과서 세 자리 수

뛰어서 세기 ❶

- 100씩 뛰어서 세면 백의 자리 수가 1씩 커집니다.

| 111 | 211 | 311 | 411 | 511 | 611 | 711 |

- 10씩 뛰어서 세면 십의 자리 수가 1씩 커집니다.

| 111 | 121 | 131 | 141 | 151 | 161 | 171 |

실력 확인하기

뛰어서 세어 빈칸에 알맞은 수를 써넣으시오.

1 | 200 | 300 | 400 | | | |

2 | 732 | 742 | 752 | | | |

3 | 323 | 324 | | | 327 | |

4 | 995 | 996 | 997 | | | |

은하는 270원을 가지고 있습니다. 용돈으로 100원짜리 동전 4개를 더 받는다면 모두 얼마가 됩니까?

문제 이해하기

100원짜리 동전을 4개 더 받았으므로

270부터 [ ]씩 [ ]번 뛰어서 세면

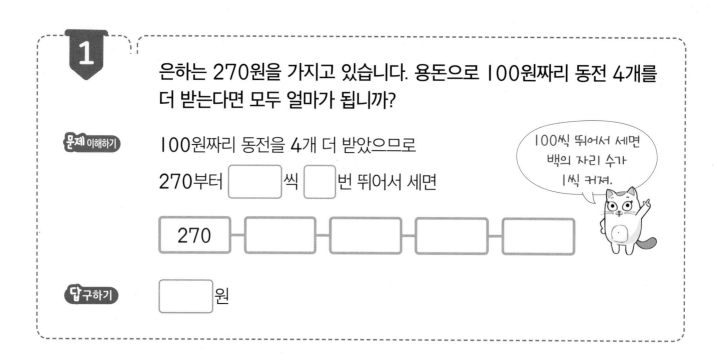

100씩 뛰어서 세면 백의 자리 수가 1씩 커져.

| 270 | | | | |

답 구하기

[ ]원

---

2 규진이는 오늘까지 책을 149쪽 읽었습니다. 5일 후에는 모두 몇 쪽까지 읽게 됩니까?

내일부터 하루에 10쪽씩 읽을 거야.

규진

문제 이해하기

10쪽씩 [ ]일 더 읽었으므로

149부터 [ ]씩 [ ]번 뛰어서 세면

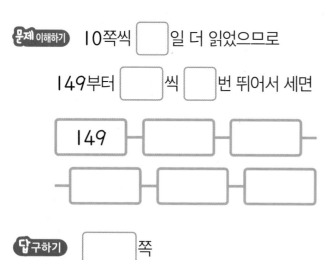

| 149 | | |

답 구하기

[ ]쪽

---

3 세희는 오늘까지 붙임딱지를 206장 모았습니다. 4일 후에 붙임딱지는 모두 몇 장이 됩니까?

내일부터 하루에 1장씩 모아야지.

세희

문제 이해하기

1장씩 [ ]일 더 모았으므로

206부터 [ ]씩 [ ]번 뛰어서 세면

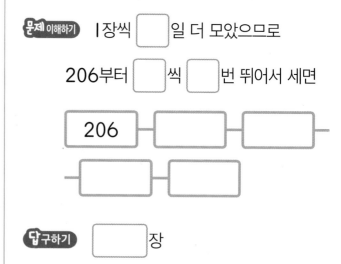

| 206 | | |

답 구하기

[ ]장

4 ■에 알맞은 수를 구하시오.

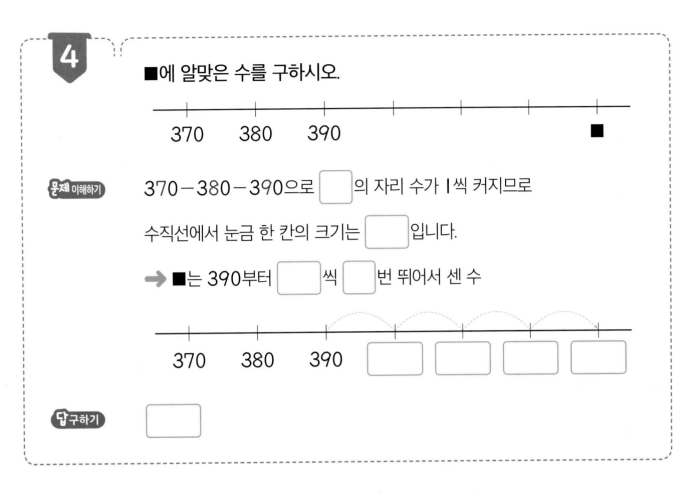

문제 이해하기 370－380－390으로 ☐의 자리 수가 1씩 커지므로

수직선에서 눈금 한 칸의 크기는 ☐입니다.

➡ ■는 390부터 ☐씩 ☐번 뛰어서 센 수

답 구하기 ☐

---

5 ㉠에 알맞은 수를 구하시오.

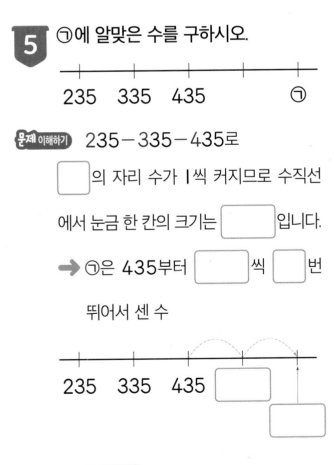

문제 이해하기 235－335－435로

☐의 자리 수가 1씩 커지므로 수직선

에서 눈금 한 칸의 크기는 ☐입니다.

➡ ㉠은 435부터 ☐씩 ☐번

뛰어서 센 수

답 구하기 ☐

---

6 ★에 알맞은 수를 구하시오.

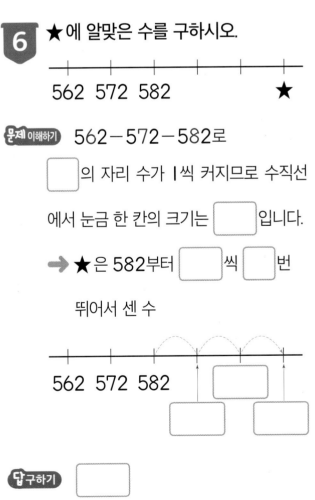

문제 이해하기 562－572－582로

☐의 자리 수가 1씩 커지므로 수직선

에서 눈금 한 칸의 크기는 ☐입니다.

➡ ★은 582부터 ☐씩 ☐번

뛰어서 센 수

답 구하기 ☐

정답 확인 | 오늘 나의 실력은? | 부모님 확인

소포 배달하기

집배원 아저씨가 시안이네 집에 소포를 배달하러 오셨어요. 하지만 시안이네 아파트에는 대부분 동과 호수가 써 있지 않네요. 주소를 보고 동·호수를 뛰어서 세어 시안이네 집을 찾아 ○표 하세요.

뛰어서 세기 ❷

1

경준이가 종이학을 1000개 접으려고 합니다. 하루에 200개씩 접는 다면 1000개를 접는 데 며칠이 걸립니까?

문제 이해하기

종이학을 하루에 200개씩 접으므로

[ ] 이 될 때까지 0부터 [ ]씩 뛰어서 세면

| 0 | 200 | 400 | | | |

→ [ ] 번 뛰어서 세었으므로 1000개를 접는 데 [ ] 일이 걸립니다.

답 구하기

[ ] 일

> 200씩 뛰어서 세면
> 백의 자리 수가
> 2씩 커져.

2

민서가 530원을 가지고 있습니다. 내일부터 하루에 20원씩 더 모은다면 민서가 가진 돈이 610원이 되는 데 며칠이 더 걸립니까?

문제 이해하기

답 구하기

3

어떤 수 ■보다 10 큰 수는 777입니다. 어떤 수 ■보다 100 큰 수
는 얼마입니까?

문제 이해하기

어떤 수 ■보다 10 큰 수가 777이므로

■는 777보다 10 작은 수인 [ ] 입니다.

➡ 어떤 수 ■보다 100 큰 수는 [ ] 입니다.

10 작은 수는
십의 자리 수가
1 작아.

답 구하기

[ ]

4

어떤 수 ▲보다 100 작은 수는 851입니다. 어떤 수 ▲보다 10 작
은 수는 얼마입니까?

문제 이해하기

답 구하기

◆에 알맞은 수를 구하시오.

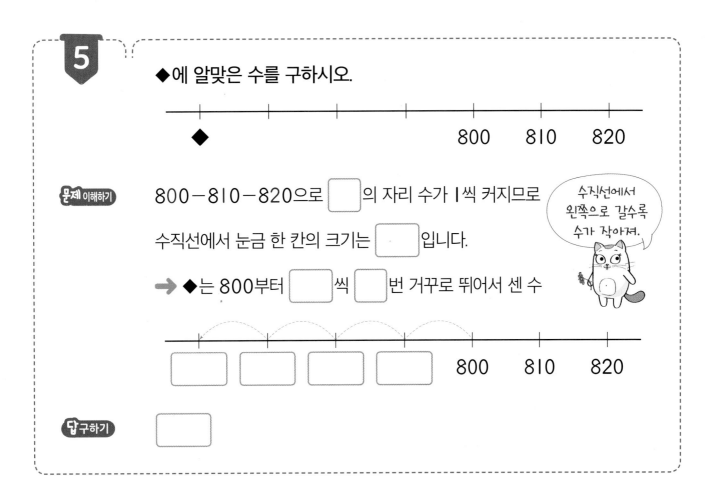

800-810-820으로 ☐의 자리 수가 1씩 커지므로

수직선에서 눈금 한 칸의 크기는 ☐ 입니다.

→ ◆는 800부터 ☐ 씩 ☐ 번 거꾸로 뛰어서 센 수

수직선에서 왼쪽으로 갈수록 수가 작아져.

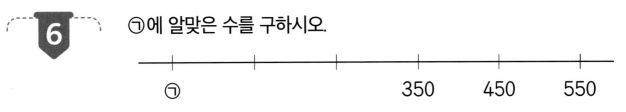

☐

㉠에 알맞은 수를 구하시오.

㉠   350   450   550

이번 주 용돈은 얼마일까요?

다연이는 월요일에서 토요일까지 집안일을 돕고 매주 일요일에 용돈을 받아
요. 이번 주 다연이의 용돈은 얼마일까요? 빈칸에 알맞게 써 보세요.

심부름 900원

설거지 400원

방 청소 600원

설거지 한 번, 분리배출 두 번,
화분에 물 주기 두 번 했어요!

화분에 물 주기 50원

분리배출 200원

이번 주 다연이의 용돈은 ☐ 원입니다.

교과서 세 자리 수

수의 크기 비교하기 ❶

두 수의 크기를 비교할 때는 백, 십, 일의 자리 수를 차례로 비교합니다.

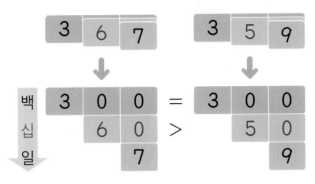

➡ 367 > 359

실력 확인하기

두 수의 크기를 비교하여 ○ 안에 > 또는 < 를 알맞게 써넣으시오.

1 651 ◯ 389

2 593 ◯ 393

3 272 ◯ 282

4 429 ◯ 472

5 778 ◯ 768

6 195 ◯ 198

7 852 ◯ 854

8 345 ◯ 347

1

희서네 집에는 책이 429권 있고, 초하네 집에는 책이 426권 있습니다. 둘 중 누구네 집에 책이 더 많습니까?

문제 이해하기 ☐의 자리 수와 ☐의 자리 수가 같으므로 ☐의 자리 수를 비교하면

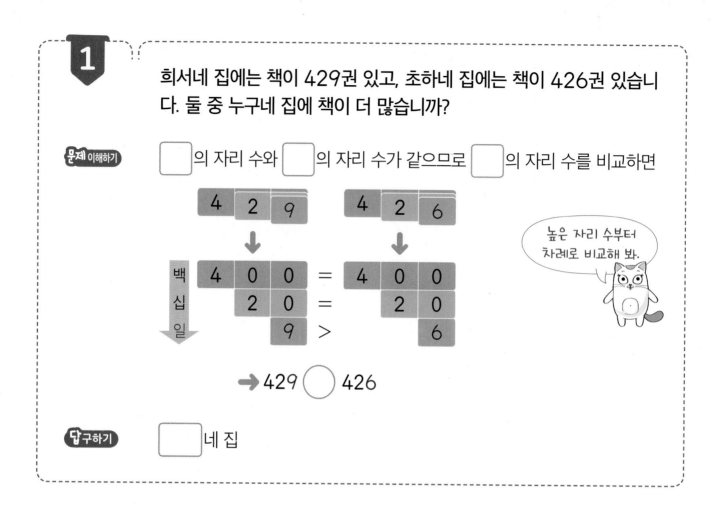

높은 자리 수부터 차례로 비교해 봐.

백	4	0	0	=	4	0	0
십		2	0	=		2	0
일			9	>			6

➜ 429 ◯ 426

답 구하기 ☐네 집

---

2 선하는 운동을 183일 동안 했고, 태규는 190일 동안 했습니다. 둘 중 운동을 더 오래 한 사람은 누구입니까?

문제 이해하기 백의 자리 수가 같으므로

☐의 자리 수를 비교하면

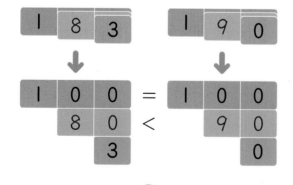

1	0	0	=	1	0	0
	8	0	<		9	0
		3				0

➜ 183 ◯ 190

답 구하기 ☐

---

3 학교와 병원 중 은우네 집에서 더 가까운 곳은 어디입니까?

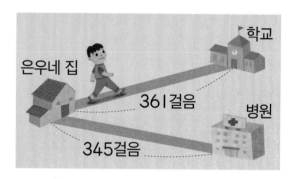

은우네 집 / 학교 / 361걸음 / 병원 / 345걸음

문제 이해하기
• 걸음 수가 적을수록 더 (멉니다 , 가깝습니다).
• 백의 자리 수가 같으므로

☐의 자리 수를 비교하면

➜ 361 ◯ 345

답 구하기 ☐

4 다음 중 가격이 가장 비싼 우표는 얼마입니까?

420원 330원 450원

문제 이해하기

	백	십	일
	4	2	0
	3	3	0
	4	5	0

• 세 수의 ☐ 의 자리 수를 비교하면

4 ◯ 3이므로 가장 작은 수는 ☐

• 백의 자리 수가 같은 두 수의 ☐ 의 자리 수를 비교하면

➡ 420 ◯ 450

가격을 나타내는 수가 클수록 더 비싸.

답 구하기 ☐ 원

---

5 파란색 구슬 270개, 초록색 구슬 263개, 흰색 구슬 206개가 있습니다. 가장 많은 구슬은 무엇입니까?

문제 이해하기 세 수의 백의 자리 수가 같으므로

☐ 의 자리 수를 비교하면

	백	십	일
파란색	2	7	0
초록색	2	6	3
흰색	2	0	6

➡ 270 ◯ 263 ◯ 206

답 구하기 ☐ 구슬

---

6 은행에서 세 친구가 번호표를 뽑았습니다. 순서가 가장 빠른 번호를 쓰시오.

902 839 828

문제 이해하기 • 세 수의 ☐ 의 자리 수를 비교하면

8 ◯ 9이므로 가장 큰 수는 ☐

• 백의 자리 수가 같은 두 수의 십의 자리

수를 비교하면 ➡ 839 ◯ 828

답 구하기 ☐

걸음 수 수직선

어린이 마라톤 선수 러니가 동네를 달려요. 러니의 집에서 각 장소까지 가려면 몇 걸음을 걸어야 하는지 적혀 있네요. 러니의 걸음 수를 수직선 위에 선으로 나타내 보고, 러니의 집에서 가장 먼 곳에 ○표 하세요.

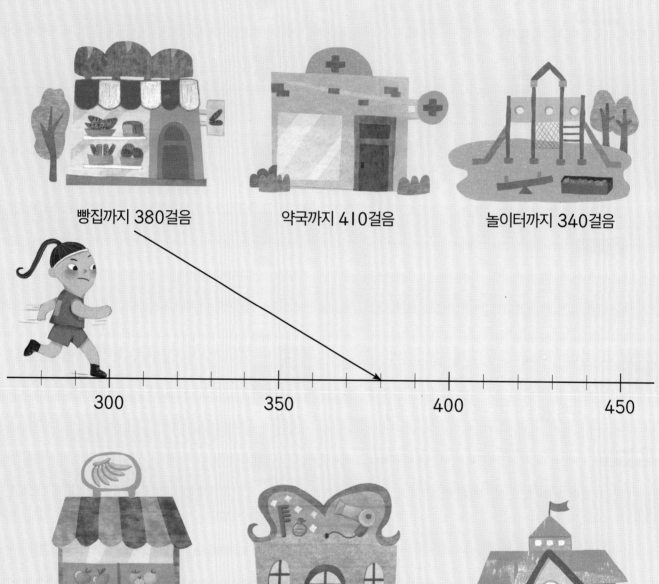

빵집까지 380걸음

약국까지 410걸음

놀이터까지 340걸음

300　　　　350　　　　400　　　　450

과일 가게까지 390걸음

미용실까지 320걸음

학교까지 430걸음

40

교과서 세 자리 수

수의 크기 비교하기 ❷

1

수 카드 3장을 한 번씩만 사용하여 만들 수 있는 가장 큰 세 자리 수를 구하시오.

| 2 | 6 | 3 |

문제 이해하기

수 카드의 수의 크기를 비교해 보면 6 > 3 > 2

➡ 큰 수부터 백, 십, 일의 자리에 차례로 놓으면

백	십	일

같은 수도 높은 자리에 있을수록 나타내는 값이 커.

답 구하기

2

수 카드 3장을 한 번씩만 사용하여 만들 수 있는 가장 작은 세 자리 수를 구하시오.

| 8 | 5 | 4 |

문제 이해하기

답 구하기

3

0부터 9까지의 수 중 □ 안에 들어갈 수 있는 수를 모두 쓰시오.

$$571 < 5\square 6$$

 문제 이해하기

• 두 수의 백의 자리 수가 같으므로 □의 자리 수를 비교하면

$571 < 5\square 6$

➡ □ 안에 7보다 (큰 , 작은) 수가 들어가야 합니다.

• 만약 두 수의 십의 자리 수가 7로 같다면

571 ◯ 576이 되므로

➡ □ 안에 7이 들어갈 수 (있습니다 , 없습니다).

만약 십의 자리 수도
같다면 일의 자리 수를
비교해야 해.

 답구하기

□ , □ , □

4

0부터 9까지의 수 중 □ 안에 들어갈 수 있는 수를 모두 쓰시오.

$$340 > 3\square 8$$

 문제 이해하기

 답구하기

5 다음에서 설명하는 세 자리 수를 구하시오.

- 500보다 크고 595보다 작습니다.
- 십의 자리 숫자는 20을 나타냅니다.
- 십의 자리 숫자와 일의 자리 숫자가 같습니다.

 문제 이해하기

- 500보다 크고 595보다 작으므로 백의 자리 숫자는 ☐

 → ☐ ☐ ☐

- 십의 자리 숫자는 20을 나타내므로 십의 자리 숫자는 ☐

 → ☐ ☐ ☐

- 십의 자리 숫자와 일의 자리 숫자가 같으므로 일의 자리 숫자는 ☐

 → ☐ ☐ ☐

 답 구하기 ☐

6 다음에서 설명하는 세 자리 수를 모두 구하시오.

- 728보다 크고 800보다 작습니다.
- 백의 자리 숫자와 십의 자리 숫자가 같습니다.
- 일의 자리 숫자는 7보다 큽니다.

문제 이해하기

 답 구하기

악보에 숨은 암호

지난밤, 하람이의 방에 외계인이 찾아와 악보에 세 자리 수를 써 놓고 갔어요. 그런데 악보가 바람에 날려 모두 흩어져 버렸네요. 작은 수가 써 있는 악보부터 노래 제목의 첫 글자를 차례로 쓰면 외계인의 암호를 풀 수 있어요.

01 수연이는 색종이를 10장씩 7묶음 가지고 있습니다. 색종이가 100장이 되려면 몇 장을 더 모아야 합니까?

02 과수원에서 진영이는 귤을 239개 땄고, 소희는 251개 땄습니다. 귤을 더 많이 딴 사람은 누구입니까?

03 다음 중 숫자 9가 나타내는 값이 가장 큰 수를 고르시오.

| 739 | 912 | 496 |

04 쿠키가 한 통에 10개씩 들어 있습니다. 30통에 들어 있는 쿠키를 모두 꺼내서 한 상자에 100개씩 담으려면 상자는 몇 개 필요합니까?

05 동전 5개 중 3개를 사용하여 나타낼 수 있는 세 자리 수를 모두 쓰시오.

06 100원짜리 동전 5개, 10원짜리 동전 16개, 1원짜리 동전 20개는 모두 얼마입니까?

07 진우가 다음과 같이 뛰어서 세었습니다. 같은 방법으로 285부터 5번 뛰어서 세면 얼마가 됩니까?

| 729 | 739 | 749 | 759 | 769 |

08 어떤 수 ★보다 10 작은 수는 648입니다. 어떤 수 ★보다 100 큰 수는 얼마입니까?

09 수 카드 3장을 한 번씩만 사용하여 만들 수 있는 가장 작은 세 자리 수를 구하시오.

$$\boxed{8} \quad \boxed{0} \quad \boxed{3}$$

10 0부터 9까지의 수 중 □ 안에 들어갈 수 있는 수를 모두 구하시오.

$$8\square 1 < 839$$

덧셈과 뺄셈

이렇게 배우고 있어요!

배운 내용

[1-2]
- 받아올림이 없는
  두 자리 수의 덧셈
- 받아내림이 없는
  두 자리 수의 뺄셈

단원 내용

- 받아올림이 있는
  (두 자리 수)+(한 자리 수)
  (두 자리 수)+(두 자리 수)
- 받아내림이 있는
  (두 자리 수)-(한 자리 수)
  (두 자리 수)-(두 자리 수)
- 덧셈과 뺄셈의 관계

배울 내용

[3-1]
- 세 자리 수의
  덧셈과 뺄셈

학습 계획 세우기

공부할 내용에 대한 계획을 세우고,
학습해 보아요!

		학습 계획일	
3주 1일	여러 가지 방법으로 덧셈하기	월	일
3주 2일	받아올림이 있는 (두 자리 수)+(한 자리 수) ❶	월	일
3주 3일	받아올림이 있는 (두 자리 수)+(한 자리 수) ❷	월	일
3주 4일	일의 자리에서 받아올림이 있는 (두 자리 수)+(두 자리 수) ❶	월	일
3주 5일	일의 자리에서 받아올림이 있는 (두 자리 수)+(두 자리 수) ❷	월	일
4주 1일	십의 자리에서 받아올림이 있는 (두 자리 수)+(두 자리 수) ❶	월	일
4주 2일	십의 자리에서 받아올림이 있는 (두 자리 수)+(두 자리 수) ❷	월	일
4주 3일	여러 가지 방법으로 뺄셈하기	월	일
4주 4일	받아내림이 있는 (두 자리 수)-(한 자리 수) ❶	월	일
4주 5일	받아내림이 있는 (두 자리 수)-(한 자리 수) ❷	월	일
5주 1일	받아내림이 있는 (몇십)-(두 자리 수) ❶	월	일
5주 2일	받아내림이 있는 (몇십)-(두 자리 수) ❷	월	일
5주 3일	받아내림이 있는 (두 자리 수)-(두 자리 수) ❶	월	일
5주 4일	받아내림이 있는 (두 자리 수)-(두 자리 수) ❷	월	일
5주 5일	세 수의 계산 ❶	월	일
6주 1일	세 수의 계산 ❷	월	일
6주 2일	덧셈과 뺄셈의 관계 ❶	월	일
6주 3일	덧셈과 뺄셈의 관계 ❷	월	일
6주 4일	덧셈식에서 □의 값 구하기 ❶	월	일
6주 5일	덧셈식에서 □의 값 구하기 ❷	월	일
7주 1일	뺄셈식에서 □의 값 구하기 ❶	월	일
7주 2일	뺄셈식에서 □의 값 구하기 ❷	월	일
7주 3일	단원 마무리	월	일

교과서 덧셈과 뺄셈

여러 가지 방법으로 덧셈하기

가르기하여 덧셈을 계산할 수 있습니다.

• 3을 2와 1로 가르기하여 18에 2를 먼저 더하고 1을 더합니다.

$$18 + 3 = 21$$
　　2　1

• 15를 10과 5로 가르기하여 27에 10을 먼저 더하고 5를 더합니다.

$$27 + 15 = 42$$
　　10　5

실력 확인하기

다음을 계산해 보시오.

1　17 + 4 = ☐
　　☐　1

2　28 + 7 = ☐
　　☐　5

3　34 + 9 = ☐
　　☐　3

4　15 + 18 = ☐
　　☐　8

5　26 + 16 = ☐
　　☐　6

6　38 + 26 = ☐
　　☐　6

1

27＋6을 이어 세기로 구해 보시오.

문제 이해하기 27부터 6만큼 이어 세어 보면

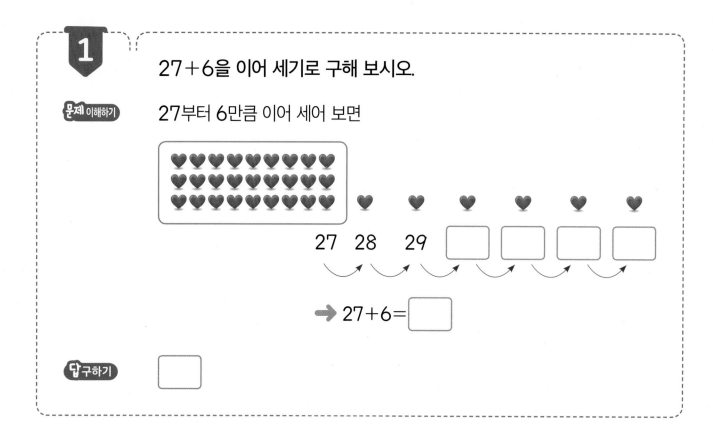

27　28　29　☐　☐　☐　☐

➡ 27＋6＝☐

답 구하기 ☐

---

2 18＋4를 이어 세기로 구해 보시오.

문제 이해하기 18부터 4만큼 이어 세어 보면

18　19　20　☐　☐

➡ 18＋4＝☐

답 구하기 ☐

3 혜수가 말하는 방법으로 15＋8을 계산해 보시오.

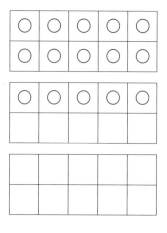

△를 그려
구해 볼래.

혜수

문제 이해하기 더하는 수만큼 △를 그려 보면

➡ 15＋8＝☐

답 구하기 ☐

4

28＋13을 계산하려고 합니다. 28을 가까운 몇십으로 바꾸어 28＋13을 구해 보시오.

문제 이해하기

13에서 2를 옮겨 28을 □으로 만들 수 있습니다.

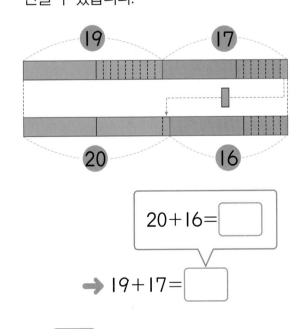

$30+11=$ □

➡ $28+13=$ □

답 구하기 □

---

5 19＋17을 계산하려고 합니다. 19를 가까운 몇십으로 바꾸어 19＋17을 구해 보시오.

문제 이해하기 17에서 1을 옮겨 19를 □으로 만들 수 있습니다.

$20+16=$ □

➡ $19+17=$ □

답 구하기 □

---

6 지호가 말하는 방법으로 23＋38을 계산해 보시오.

23과 38을 각각 십의 자리 수와 일의 자리 수로 가르기할래.

지호

문제 이해하기

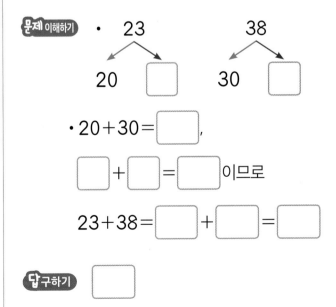

・23 → 20, □
・38 → 30, □

・$20+30=$ □,

□＋□＝□ 이므로

$23+38=$ □ ＋ □ ＝ □

답 구하기 □

기울어지면 안 돼요!

두더지들이 땅에서 돌을 골라내고 있어요. 저울의 양쪽이 평형을 이루도록
빈 곳에 알맞은 무게의 돌을 찾아서 선으로 이어 올려 주세요.

교과서 덧셈과 뺄셈

받아올림이 있는 (두 자리 수)＋(한 자리 수) ❶

16＋5는 어떻게 계산할까요?

- 일의 자리 수의 합이 10이거나 10이 넘으면 십의 자리로 받아올림합니다.
- 받아올림한 수는 십의 자리 수와 더합니다.

```
    1                    1
    1   6              1 1   6
  +     5      →      +       5
    ─────              ─────
        1              2 1
```

실력 확인하기

다음을 계산해 보시오.

1
```
□
  1 3
+   7
─────
```

2
```
□
  3 5
+   5
─────
```

3
```
□
  6 7
+   4
─────
```

4
```
□
    8
+ 8 5
─────
```

5
```
□
    6
+ 7 9
─────
```

6
```
□
    4
+ 5 9
─────
```

1

운동장에 축구공 15개, 야구공 8개가 있습니다. 운동장에 있는 축구공과 야구공은 모두 몇 개입니까?

문제 이해하기

공 수를 그림으로 나타내 더하면

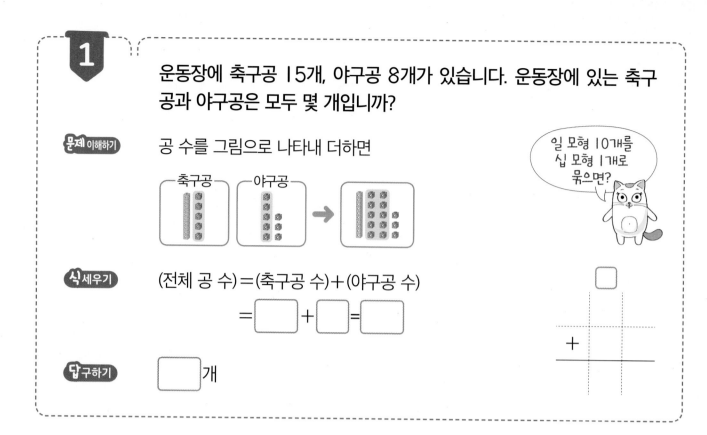

일 모형 10개를 십 모형 1개로 묶으면?

식 세우기

(전체 공 수)＝(축구공 수)＋(야구공 수)

＝□＋□＝□

답 구하기

□ 개

2

정원에 장미 49송이와 튤립 6송이가 피었습니다. 정원에 핀 장미와 튤립은 모두 몇 송이입니까?

문제 이해하기 꽃 수를 그림으로 나타내 더하면

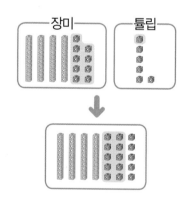

식 세우기

(전체 꽃 수)

＝(장미 수)＋(튤립 수)

＝□＋□＝□

답 구하기 □ 송이

3

준형이는 동화책을 어제 33쪽 읽었고 오늘 7쪽 읽었습니다. 준형이는 이틀 동안 동화책을 모두 몇 쪽 읽었습니까?

문제 이해하기 읽은 쪽수를 그림으로 나타내 더하면

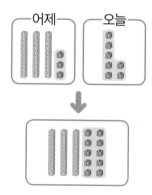

식 세우기

(이틀 동안 읽은 쪽수)

＝(어제 읽은 쪽수)＋(오늘 읽은 쪽수)

＝□＋□＝□

답 구하기 □ 쪽

4 진우는 구슬을 12개 가지고 있습니다. 구슬을 9개 더 모으면 모두 몇 개가 됩니까?

문제 이해하기 구슬 수를 그림으로 나타내 더하면

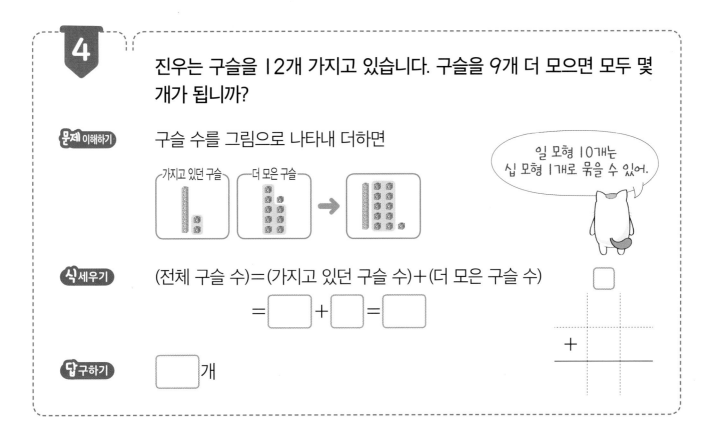

일 모형 10개는 십 모형 1개로 묶을 수 있어.

식 세우기 (전체 구슬 수)=(가지고 있던 구슬 수)+(더 모은 구슬 수)

= ☐ + ☐ = ☐

답 구하기 ☐ 개

---

5 버스에 26명이 타고 있었습니다. 이번 정류장에서 4명이 더 탄다면 버스에 탄 사람은 모두 몇 명이 됩니까?

문제 이해하기 사람 수를 그림으로 나타내 더하면

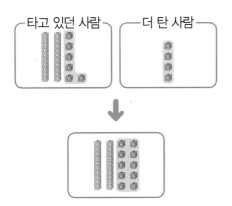

식 세우기 (버스에 탄 사람 수)

=(타고 있던 사람 수)+(더 탄 사람 수)

= ☐ + ☐ = ☐

답 구하기 ☐ 명

---

6 윤지의 이모는 38살이고, 삼촌은 이모보다 5살 더 많습니다. 삼촌은 몇 살입니까?

문제 이해하기 나이를 그림으로 나타내 더하면

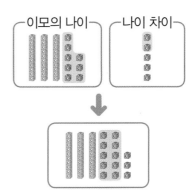

식 세우기 (삼촌의 나이)

=(이모의 나이)+(나이 차이)

= ☐ + ☐ = ☐

답 구하기 ☐ 살

성냥개비 덧셈식

성냥팔이 소녀가 덧셈식이 써 있는 성냥개비 집 앞에 도착했어요. 덧셈식을
바르게 고치면 집 안에 들어가 추위를 피할 수 있답니다. 하나의 식에 성냥개
비를 하나씩 더 그려서 올바른 식을 만들어 주세요.

58

교과서 덧셈과 뺄셈

받아올림이 있는
(두 자리 수)＋(한 자리 수) ❷

1 두 수씩 골라 합이 50이 되는 식을 세 가지 만들어 보시오.

| 41 5 7 45 9 43 |

문제 이해하기 두 수의 합이 50이 되어야 하므로

일의 자리 수의 합이 $\boxed{}$ 이 되는 두 수를 찾아 더해 보면

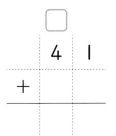
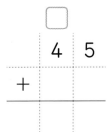
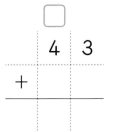

답 구하기 $\boxed{}+\boxed{}=50,$ $\boxed{}+\boxed{}=50,$ $\boxed{}+\boxed{}=50$

2 두 수씩 골라 합이 70이 되는 식을 세 가지 만들어 보시오.

| 62 3 67 64 8 6 |

문제 이해하기

답 구하기

3 1부터 9까지의 수 중 □ 안에 들어갈 수 있는 수를 모두 구하시오.

$$58+\square<63$$

문제 이해하기 58+□의 합이 63이 되는 경우를 수직선에 나타내 보면

57 58 59 60 61 62 63 64

→ 58+□=63이므로 58+□가 63보다 작으려면

□는 □보다 (커야 , 작아야) 합니다.

답 구하기 □ , □ , □ , □

4 1부터 9까지의 수 중 □ 안에 들어갈 수 있는 수를 모두 구하시오.

$$29+\square>35$$

문제 이해하기

답 구하기

5

⊙과 ⓒ에 알맞은 수를 각각 구하시오.

```
    5  6            8  ⓒ
  +    ⊙          +    7
  ─────            ─────
    6  3            9  1
```

십의 자리 수가
1 커졌으므로 받아올림
한 것을 알 수 있어.

문제 이해하기

세로셈의 결과를 살펴보면 일의 자리 수의 합이 [ ]을 넘습니다.

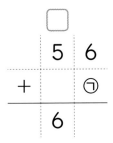

```
      [ ]              [ ]
    5  6            8  ⓒ
  +    ⊙          +    7
  ─────            ─────
    6                9
```

➡ 6+⊙=[ ]이므로   ➡ ⓒ+7=[ ]이므로

⊙=[ ]   ⓒ=[ ]

답 구하기 ⊙=[ ] , ⓒ=[ ]

6

⊙과 ⓒ에 알맞은 수를 각각 구하시오.

```
    8  ⊙            3  3
  +    8          +    ⓒ
  ─────            ─────
    9  6            4  2
```

문제 이해하기

답 구하기

과일을 가장 많이 딴 사람은?

세 친구가 농장에서 복숭아와 수박을 땄어요. 친구들은 자기가 딴 복숭아와 수박을 각자의 수레에 담아 두고 잠깐 쉬러 갔어요. 지금까지 과일을 가장 많이 딴 친구에 ○표 하세요.

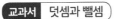

교과서 덧셈과 뺄셈

일의 자리에서 받아올림이 있는 (두 자리 수)+(두 자리 수) ❶

24+17은 어떻게 계산할까요?

- 일의 자리 수의 합이 10이거나 10이 넘으면 십의 자리로 받아올림합니다.
- 받아올림한 수를 십의 자리 수와 더합니다.

$$
\begin{array}{r}
\boxed{1}\ \ \ \\
2\ \boxed{4} \\
+\ 1\ \boxed{7} \\
\hline
\boxed{1}
\end{array}
\quad\Rightarrow\quad
\begin{array}{r}
\boxed{1}\ \ \ \\
2\ \ 4 \\
+\ 1\ \ 7 \\
\hline
4\ \ 1
\end{array}
$$

실력 확인하기

다음을 계산해 보시오.

1
☐
$$
\begin{array}{r}
1\ 2 \\
+\ 2\ 8 \\
\hline
\end{array}
$$

2
☐
$$
\begin{array}{r}
1\ 1 \\
+\ 7\ 9 \\
\hline
\end{array}
$$

3
☐
$$
\begin{array}{r}
4\ 9 \\
+\ 2\ 3 \\
\hline
\end{array}
$$

4
☐
$$
\begin{array}{r}
7\ 6 \\
+\ 1\ 6 \\
\hline
\end{array}
$$

5
☐
$$
\begin{array}{r}
3\ 7 \\
+\ 5\ 8 \\
\hline
\end{array}
$$

6
☐
$$
\begin{array}{r}
3\ 5 \\
+\ 1\ 8 \\
\hline
\end{array}
$$

1 진우네 반은 남학생이 19명, 여학생이 17명입니다. 진우네 반 학생은 모두 몇 명입니까?

문제 이해하기   학생 수를 그림으로 나타내 더하면

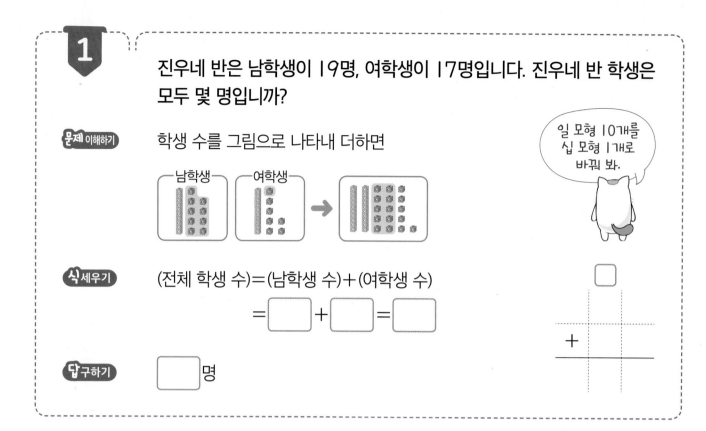

일 모형 10개를 십 모형 1개로 바꿔 봐.

식 세우기   (전체 학생 수)=(남학생 수)+(여학생 수)

=□+□=□

답 구하기   □ 명

---

2 미소는 동화책 25권과 위인전 35권을 읽었습니다. 미소가 읽은 동화책과 위인전은 모두 몇 권입니까?

문제 이해하기   읽은 책의 수를 그림으로 나타내 더하면

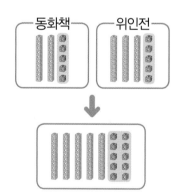

식 세우기   (읽은 책 수)

=(동화책 수)+(위인전 수)

=□+□=□

답 구하기   □ 권

---

3 상자에 사과 28개와 감 43개가 있습니다. 상자에 있는 과일은 모두 몇 개입니까?

문제 이해하기   과일의 수를 그림으로 나타내 더하면

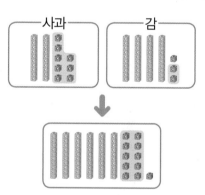

식 세우기   (상자에 있는 과일의 수)

=(사과 수)+(감 수)

=□+□=□

답 구하기   □ 개

4

나은이는 어제 줄넘기를 35번 넘었고, 오늘은 어제보다 18번 더 많이 넘었습니다. 나은이는 오늘 줄넘기를 몇 번 넘었습니까?

문제 이해하기 줄넘기를 넘은 횟수를 그림으로 나타내 더하면

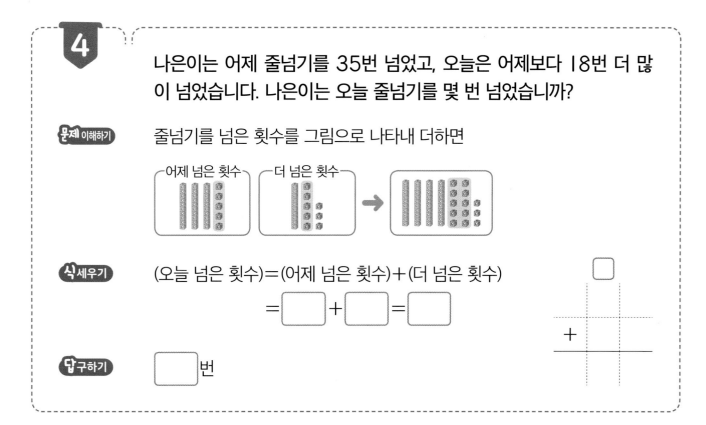

식 세우기 (오늘 넘은 횟수)=(어제 넘은 횟수)+(더 넘은 횟수)

$=\boxed{}+\boxed{}=\boxed{}$

$$\begin{array}{r}\boxed{}\\+\\\hline\end{array}$$

답 구하기 $\boxed{}$ 번

---

5 상호는 지난주에 종이학을 47개 접었고, 이번 주는 지난주보다 23개 더 많이 접었습니다. 상호가 이번 주에 접은 종이학은 몇 개입니까?

문제 이해하기 종이학 수를 그림으로 나타내 더하면

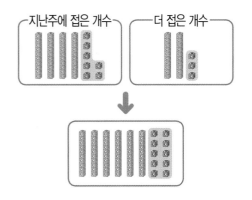

식 세우기 (이번 주에 접은 종이학 수)
= (지난주에 접은 수)+(더 접은 수)

$=\boxed{}+\boxed{}=\boxed{}$

답 구하기 $\boxed{}$ 개

---

6 과수원에서 윤희는 귤을 39개 땄고, 찬우는 윤희보다 19개 더 많이 땄습니다. 찬우가 딴 귤은 모두 몇 개입니까?

문제 이해하기 딴 귤의 수를 그림으로 나타내 더하면

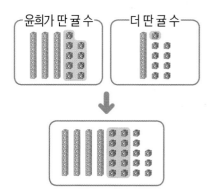

식 세우기 (찬우가 딴 귤 수)
= (윤희가 딴 귤 수)+(더 딴 귤 수)

$=\boxed{}+\boxed{}=\boxed{}$

답 구하기 $\boxed{}$ 개

어떤 모양이 들어갈까?

두 친구가 테트리스 게임을 하고 있어요. 빈칸을 채울 수 있는 두 조각에 적힌 수의 합이 바로 점수가 돼요. 두 사람의 점수를 각각 구해 볼까요?

교과서 덧셈과 뺄셈

일의 자리에서 받아올림이 있는 (두 자리 수)＋(두 자리 수) ❷

1

화살 두 개를 던져 맞힌 두 수의 합은 가운데 80과 같습니다. 맞힌 두 수를 찾아 쓰시오.

43 65
56 80 27
25 24

문제 이해하기

두 수의 합이 80이 되어야 하므로

일의 자리 수의 합이 □이 되는 두 수를 찾아 더해 보면

```
□              □              □
  5  6           4  3           6  5
+               +               +
```

답 구하기

□ , □

2

화살 두 개를 던져 맞힌 두 수의 합은 가운데 60과 같습니다. 맞힌 두 수를 찾아 쓰시오.

32 19
24 60 26
38 41

문제 이해하기

답 구하기

3

□ 안에 들어갈 수 있는 수를 모두 찾아 쓰시오.

$$35 + □ > 52$$

| 15 | 16 | 17 | 18 | 19 |

문제 이해하기

35+□가 52가 되는 □를 세로셈을 이용해 구해 보면

```
    1
    3  5
+   ㉠  ㉡
────────
    5  2
```

일의 자리 수의 합이 12이므로
5+㉡=12, ㉡=7
십의 자리 수의 합이 5이므로
3+㉠+1=5, ㉠=1

➡ 35+☐=52

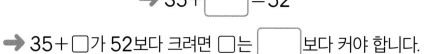

35+□가 52가
되는 경우부터
생각해 봐.

➡ 35+□가 52보다 크려면 □는 ☐ 보다 커야 합니다.

답 구하기 ☐ , ☐

4

□ 안에 들어갈 수 있는 수를 모두 찾아 쓰시오.

$$□ + 28 < 92$$

| 61 | 62 | 63 | 64 | 65 |

문제 이해하기

답 구하기

5 수 카드 2장을 골라 두 자리 수를 만들려고 합니다. 만들 수 있는 가장 큰 수와 가장 작은 수의 합을 구하시오.

$$\boxed{5} \quad \boxed{6} \quad \boxed{2}$$

문제 이해하기 수 카드의 수의 크기를 비교해 보면 $\boxed{2} < \boxed{5} < \boxed{6}$

➡ 만들 수 있는 가장 큰 두 자리 수: $\boxed{}$

➡ 만들 수 있는 가장 작은 두 자리 수: $\boxed{}$

식 세우기 (가장 큰 수)＋(가장 작은 수)＝$\boxed{}$＋$\boxed{}$＝$\boxed{}$

답 구하기 $\boxed{}$

---

6 수 카드 2장을 골라 두 자리 수를 만들려고 합니다. 만들 수 있는 가장 큰 수와 가장 작은 수의 합을 구하시오.

$$\boxed{7} \quad \boxed{1} \quad \boxed{6}$$

문제 이해하기

식 세우기

답 구하기

화살은 어디에 꽂혔을까요?

활쏘기 대회가 열렸어요. 두 선수가 화살을 두 발씩 쏘았답니다. 두 선수의 총점은 동점이에요. 과녁판에서 두 선수가 맞힌 점수를 찾아 ○표 하세요.

십의 자리에서 받아올림이 있는 (두 자리 수)＋(두 자리 수) ❶

4주 / 1일 교과서 덧셈과 뺄셈

공부한 날
월
일

73＋42는 어떻게 계산할까요?

십의 자리 수의 합이 10이거나 10이 넘으면

백의 자리로 받아올림합니다.

$$
\begin{array}{r}
\boxed{1} \\
7\ 3 \\
+\ 4\ 2 \\
\hline
1\ 5
\end{array}
\ \rightarrow\
\begin{array}{r}
\boxed{1} \\
7\ 3 \\
+\ 4\ 2 \\
\hline
1\ 1\ 5
\end{array}
$$

실력 확인하기

다음을 계산해 보시오.

1
$$
\begin{array}{r}
\square \\
5\ 0 \\
+\ 5\ 2 \\
\hline
\end{array}
$$

2
$$
\begin{array}{r}
\square \\
4\ 3 \\
+\ 6\ 5 \\
\hline
\end{array}
$$

3
$$
\begin{array}{r}
\square \\
2\ 7 \\
+\ 9\ 2 \\
\hline
\end{array}
$$

4
$$
\begin{array}{r}
\square\ \square \\
3\ 9 \\
+\ 8\ 6 \\
\hline
\end{array}
$$

5
$$
\begin{array}{r}
\square\ \square \\
7\ 7 \\
+\ 7\ 4 \\
\hline
\end{array}
$$

6
$$
\begin{array}{r}
\square\ \square \\
9\ 8 \\
+\ 6\ 4 \\
\hline
\end{array}
$$

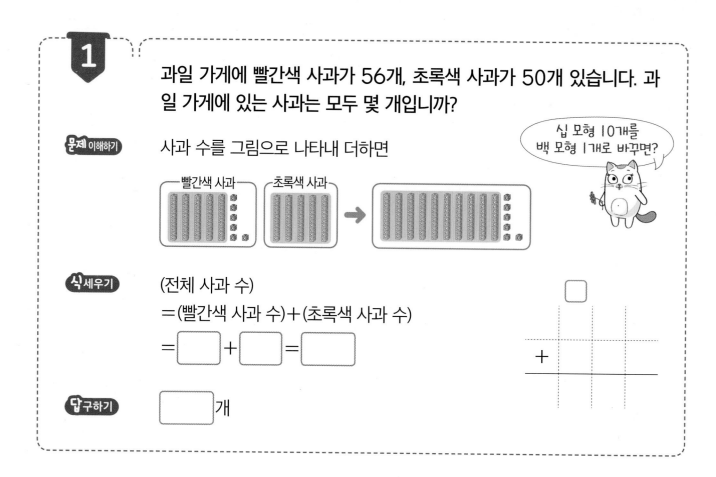

1

과일 가게에 빨간색 사과가 56개, 초록색 사과가 50개 있습니다. 과일 가게에 있는 사과는 모두 몇 개입니까?

문제 이해하기 사과 수를 그림으로 나타내 더하면

십 모형 10개를
백 모형 1개로 바꾸면?

식 세우기

(전체 사과 수)

=(빨간색 사과 수)+(초록색 사과 수)

= ☐ + ☐ = ☐

답 구하기 ☐ 개

---

2 공원에 소나무 30그루와 전나무 90그루가 있습니다. 공원에 있는 소나무와 전나무는 모두 몇 그루입니까?

문제 이해하기 나무 수를 그림으로 나타내 더하면

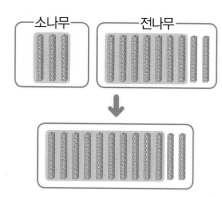

식 세우기

(전체 나무 수)

=(소나무 수)+(전나무 수)

= ☐ + ☐ = ☐

답 구하기 ☐ 그루

---

3 창호는 우표를 64장 모았는데 형에게 41장을 더 받았습니다. 창호가 가지고 있는 우표는 모두 몇 장이 됩니까?

문제 이해하기 우표 수를 그림으로 나타내 더하면

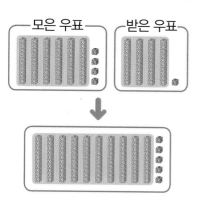

식 세우기

(전체 우표 수)

=(모은 우표 수)+(받은 우표 수)

= ☐ + ☐ = ☐

답 구하기 ☐ 장

4 수연이는 머리핀을 89개 샀고, 지유는 45개 샀습니다. 수연이와 지유가 산 머리핀은 모두 몇 개입니까?

문제 이해하기 머리핀 수를 그림으로 나타내 더하면

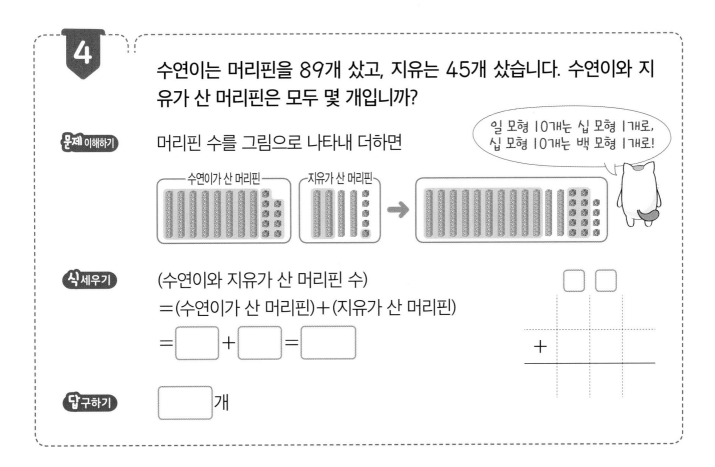

> 일 모형 10개는 십 모형 1개로,
> 십 모형 10개는 백 모형 1개로!

식 세우기
(수연이와 지유가 산 머리핀 수)
　＝(수연이가 산 머리핀)＋(지유가 산 머리핀)
　＝ ☐ ＋ ☐ ＝ ☐

☐ ☐
＋ _____

답 구하기 ☐ 개

---

5 소라는 어제 동화책을 57쪽 읽었고, 오늘 54쪽을 읽었습니다. 어제와 오늘 읽은 동화책은 모두 몇 쪽입니까?

문제 이해하기 읽은 쪽수를 그림으로 나타내 더하면

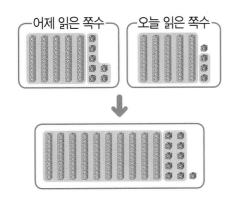

식 세우기 (어제와 오늘 읽은 쪽수)
　＝(어제 읽은 쪽수)＋(오늘 읽은 쪽수)
　＝ ☐ ＋ ☐ ＝ ☐

답 구하기 ☐ 쪽

---

6 오늘 도서관을 이용한 사람 중 남자는 45명, 여자는 55명입니다. 오늘 도서관을 이용한 사람은 모두 몇 명입니까?

문제 이해하기 사람 수를 그림으로 나타내 더하면

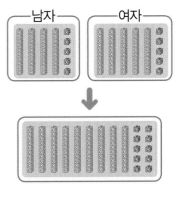

식 세우기 (도서관을 이용한 사람 수)
　＝(남자 수)＋(여자 수)
　＝ ☐ ＋ ☐ ＝ ☐

답 구하기 ☐ 명

내 땅은 어디?

세 친구가 숫자가 적힌 운동장 바닥에 자기 땅을 표시했어요. 친구들의 말을 듣고 각자 가진 땅에 적힌 숫자를 더해 보세요. 그리고 계산 결과가 가장 큰 사람의 말풍선에 ○표 하세요.

내 땅 중에서 서연이의 땅이랑 겹치지 않는 부분만 가질게.

내 땅 중에서 지후의 땅이랑 겹치지 않는 부분만 가질게.

내 땅 중에서 유찬이의 땅이랑 겹치지 않는 부분만 가질게.

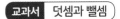 교과서 덧셈과 뺄셈

십의 자리에서 받아올림이 있는
(두 자리 수)＋(두 자리 수) ❷

1

합이 100이 되는 두 수를 찾아 덧셈식을 세 가지 만들어 보시오.

| 51 | 49 | 35 | 77 | 65 | 23 |

문제 이해하기

두 수의 합이 100이 되도록
각 자리 수의 합이 10이 되는 두 수를 찾아 더해 보면

받아올림이 두 번 있어.

```
  □ □              □ □              □ □
    5 1              3 5              7 7
+                 +                +
―――――            ―――――            ―――――
```

답 구하기

$\square$ ＋ $\square$ ＝100, $\square$ ＋ $\square$ ＝100, $\square$ ＋ $\square$ ＝100

2

합이 100이 되는 두 수를 찾아 덧셈식을 세 가지 만들어 보시오.

| 14 | 42 | 58 | 55 | 86 | 45 |

문제 이해하기

답 구하기

3

⊙과 ⓒ에 알맞은 수를 각각 구하시오.

```
      8  ⊙
   +  ⓒ  9
   ────────
   1  5  2
```

문제 이해하기

세로셈의 결과를 살펴보면

십의 자리로 받아올림하였으므로 일의 자리 수의 합은 10을 넘습니다.

➡ ⊙+9=☐ 이므로 ⊙=☐

백의 자리로 받아올림하였으므로 십의 자리 수의 합은 10을 넘습니다.

➡ 8+ⓒ+1=☐ 이므로 ⓒ=☐

답 구하기   ⊙=☐ , ⓒ=☐

4

⊙과 ⓒ에 알맞은 수를 각각 구하시오.

```
      ⊙  9
   +  3  ⓒ
   ────────
   1  0  8
```

문제 이해하기

답 구하기

5

수 카드 2장을 골라 두 자리 수를 만들어 47과 더하려고 합니다. 계산 결과가 가장 큰 수가 되는 덧셈식을 쓰고 계산해 보시오.

| 6 | 0 | 8 |

☐ +47= ☐

큰 수를 더할수록 계산 결과가 커져.

문제 이해하기

수 카드의 수의 크기를 비교해 보면

| 8 | > | 6 | > | 0 |

➡ 만들 수 있는 가장 큰 두 자리 수: ☐

식 세우기

(만들 수 있는 가장 큰 두 자리 수)+47

= ☐ +47= ☐

답 구하기

☐ +47= ☐

6

수 카드 2장을 골라 두 자리 수를 만들어 98과 더하려고 합니다. 계산 결과가 가장 작은 수가 되는 덧셈식을 쓰고 계산해 보시오.

| 6 | 7 | 9 |

☐ +98= ☐

문제 이해하기

식 세우기

답 구하기

합이 같은 줄넘기

아윤이네 모둠 친구들의 줄넘기는 양쪽 끝에 써 있는 두 수의 합이 모두 같 대요. 아윤이네 모둠이 아닌 친구를 찾아 ○표 하세요.

여러 가지 방법으로 뺄셈하기

가르기하여 뺄셈을 계산할 수 있습니다.

• 7을 5와 2로 가르기하여 25에서 5를 먼저 빼고 2를 뺍니다.

$$25 - 7 = 18$$
5   2

• 14를 10과 4로 가르기하여 30에서 10을 먼저 빼고 4를 뺍니다.

$$30 - 14 = 16$$
10   4

실력 확인하기

다음을 계산해 보시오.

1 13 − 4 = ☐

☐   1

2 21 − 3 = ☐

☐   2

3 34 − 9 = ☐

☐   5

4 20 − 18 = ☐

☐   8

5 30 − 17 = ☐

☐   7

6 40 − 25 = ☐

☐   5

1

35−7을 거꾸로 세기로 구해 보시오.

문제 이해하기

35부터 7만큼 거꾸로 세어 보면

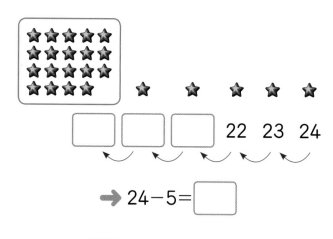

| | | | | 32 | 33 | 34 | 35 |

➡ 35−7= ☐

답 구하기 ☐

---

2 24−5를 거꾸로 세기로 구해 보시오.

문제 이해하기 24부터 5만큼 거꾸로 세어 보면

| | | | 22 | 23 | 24 |

➡ 24−5= ☐

답 구하기 ☐

---

3 13−8을 계산하려고 합니다. 소희가 말하는 방법으로 계산해 보시오.

/으로 지워서 구해 볼래.

소희

문제 이해하기 빼는 수만큼 /으로 지워 보면

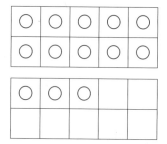

➡ 13−8= ☐

답 구하기 ☐

4 30－14를 계산하려고 합니다. 14를 가까운 몇십으로 바꾸어 30－14를 구해 보시오.

문제 이해하기 30을 36으로, 14를 □으로 나타내어 두 수의 차를 구합니다.

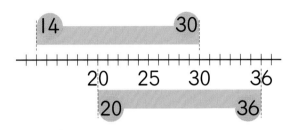

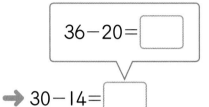

$36-20=$ □

➡ $30-14=$ □

답 구하기 □

---

5 40－28을 계산하려고 합니다. 28을 가까운 몇십으로 바꾸어 40－28을 구해 보시오.

문제 이해하기 40을 42로, 28을 □으로 나타내어 두 수의 차를 구합니다.

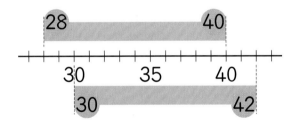

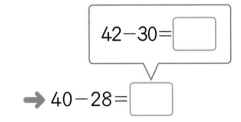

$42-30=$ □

➡ $40-28=$ □

답 구하기 □

---

6 태완이가 말하는 방법으로 50－17을 계산해 보시오.

50과 17을 각각 가르기할래.

태완

문제 이해하기

· 50 → 40 □   17 → 10 □

· $40-10=$ □ , $10-7=$ □ 이므로

$50-17=$ □ $+$ □ $=$ □

답 구하기 □

몇 층에서 만날까?

이곳은 미래 아파트. 친구들이 한 집에 모여서 놀고 싶은가 봐요. 친구들이 같은 층에서 만날 수 있도록 말풍선을 알맞게 채워 볼까요?

교과서 덧셈과 뺄셈

받아내림이 있는 (두 자리 수)−(한 자리 수) ❶

23−7은 어떻게 계산할까요?

일의 자리 수끼리 계산할 수 없으면

일의 자리로 10을 받아내림합니다.

```
  1  10          1  10
  2   3          2   3
-     7    →   -      7
      6          1   6
```

실력 확인하기

다음을 계산해 보시오.

1
```
  3   0
-     5
```

2
```
  5   0
-     9
```

3
```
  8   0
-     4
```

4
```
  7   5
-     8
```

5
```
  6   8
-     9
```

6
```
  9   1
-     7
```

83

1 지호가 들고 있던 풍선 13개 중 5개가 터졌습니다. 터지지 않은 풍선은 모두 몇 개입니까?

문제 이해하기 풍선 수를 그림으로 나타내 빼면

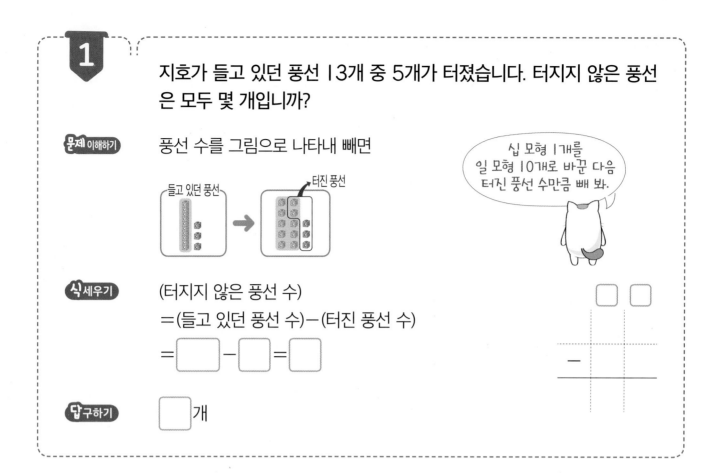

들고 있던 풍선 → 터진 풍선

십 모형 1개를 일 모형 10개로 바꾼 다음 터진 풍선 수만큼 빼 봐.

식 세우기 (터지지 않은 풍선 수)
=(들고 있던 풍선 수)−(터진 풍선 수)

= ⬜ − ⬜ = ⬜

답 구하기 ⬜ 개

---

2 지윤이가 가지고 있던 구슬 30개 중 7개를 동생에게 주었습니다. 지윤이에게 남은 구슬은 몇 개입니까?

문제 이해하기 구슬 수를 그림으로 나타내 빼면

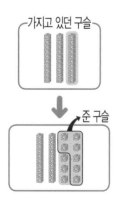

가지고 있던 구슬

준 구슬

식 세우기 (남은 구슬 수)
=(가지고 있던 구슬 수)
　　−(준 구슬 수)

= ⬜ − ⬜ = ⬜

답 구하기 ⬜ 개

---

3 전깃줄에 참새가 50마리 앉아 있었습니다. 그중 8마리가 날아가면 남은 참새는 몇 마리입니까?

문제 이해하기 참새 수를 그림으로 나타내 빼면

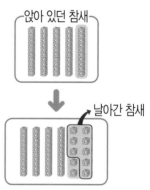

앉아 있던 참새

날아간 참새

식 세우기 (남은 참새 수)
=(앉아 있던 참새 수)
　　−(날아간 참새 수)

= ⬜ − ⬜ = ⬜

답 구하기 ⬜ 마리

4

민호는 딱지를 15개 접었고 송이는 딱지를 9개 접었습니다. 민호는 송이보다 딱지를 몇 개 더 접었습니까?

문제 이해하기 딱지 수를 그림으로 나타내 빼면

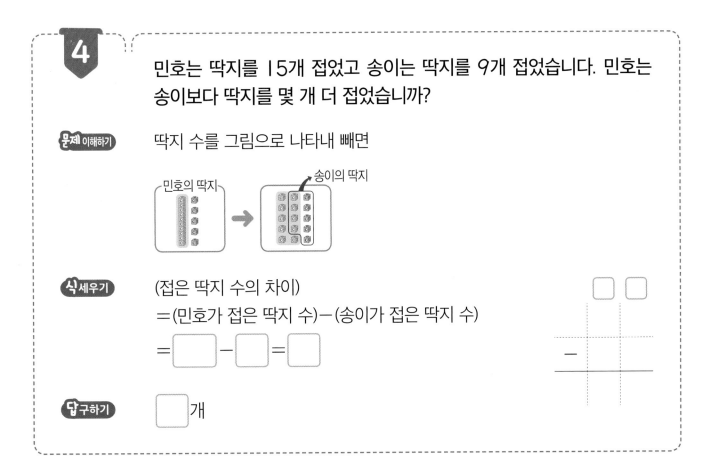

식 세우기 (접은 딱지 수의 차이)
= (민호가 접은 딱지 수) − (송이가 접은 딱지 수)

= ☐ − ☐ = ☐

답 구하기 ☐ 개

---

5 딸기 맛 사탕이 40개, 포도 맛 사탕이 6개 있습니다. 딸기 맛 사탕은 포도 맛 사탕보다 몇 개 더 많습니까?

문제 이해하기 사탕 수를 그림으로 나타내 빼면

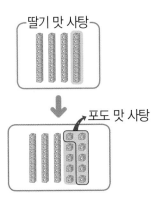

식 세우기 (사탕 수의 차이)
= (딸기 맛 사탕 수)
  − (포도 맛 사탕 수)

= ☐ − ☐ = ☐

답 구하기 ☐ 개

---

6 강희는 노래 연습을 24일 동안 했고 찬우는 8일 동안 했습니다. 강희는 찬우보다 며칠 더 연습했습니까?

문제 이해하기 날수를 그림으로 나타내 빼면

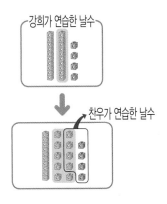

식 세우기 (연습한 날수의 차이)
= (강희가 연습한 날수)
  − (찬우가 연습한 날수)

= ☐ − ☐ = ☐

답 구하기 ☐ 일

정답 확인  오늘 나의 실력은? 부모님 확인

성냥개비 뺄셈식

성냥개비를 모두 써 버린 성냥팔이 소녀에게 산타 할아버지가 커다란 선물을 주셨어요. 선물 상자의 뺄셈식을 알맞게 고쳐야 상자를 열어 볼 수 있대요. 하나의 식에서 성냥개비를 하나씩 빼서 뺄셈식을 완성해 볼까요?

교과서 | 덧셈과 뺄셈

받아내림이 있는 (두 자리 수) − (한 자리 수) ❷

1

수 카드 중에서 2장을 골라 차가 78이 되는 식을 만들어 보시오.

| 7 | 8 | 85 | 95 |

□ − □ = 78

문제 이해하기

두 수의 차가 78이 되어야 하므로

받아내림하여 일의 자리 수의 차가 □ 이 되는 두 수를 찾아 빼 보면

```
  □ □           □ □
  8 5           9 5
−               −
```

15에서 몇을 빼야
8이 될까?

답 구하기 □ − □ = 78

2

수 카드 중에서 2장을 골라 차가 47이 되는 식을 만들어 보시오.

| 61 | 4 | 3 | 51 |

□ − □ = 47

문제 이해하기

답 구하기

3 1부터 9까지의 수 중 □ 안에 들어갈 수 있는 수를 모두 구하시오.

$$35 - \square < 28$$

문제 이해하기

35−□의 차가 28이 되는 경우를 수직선에 나타내 보면

27	28	29	30	31	32	33	34	35	36

➡ 35− □ =28이므로 35−□가 28보다 작으려면

□는 □ 보다 (커야 , 작아야) 합니다.

답구하기 □ , □

4 1부터 9까지의 수 중 □ 안에 들어갈 수 있는 수를 모두 구하시오.

$$60 - \square > 56$$

문제 이해하기

답구하기

5

수 카드 3장을 골라 (두 자리 수)−(한 자리 수)의 식을 만들려고 합니다. 계산 결과가 가장 작은 수가 되는 뺄셈식을 만들고 계산해 보시오.

| 8 | 5 | 2 | 3 |

☐☐ − ☐ = ☐

 문제 이해하기

- 계산 결과가 가장 작으려면
  가장 (큰 , 작은) 수에서 가장 (큰 , 작은) 수를 빼야 합니다.
- 네 수의 크기를 비교해 보면 2 < 3 < 5 < 8

  ➡ 만들 수 있는 가장 작은 두 자리 수: ☐

  ➡ 만들 수 있는 가장 큰 한 자리 수: ☐

식 세우기

(가장 작은 두 자리 수)−(가장 큰 한 자리 수)

= ☐ − ☐ = ☐

 답 구하기

☐ − ☐ = ☐

6

수 카드 3장을 골라 (두 자리 수)−(한 자리 수)의 식을 만들려고 합니다. 계산 결과가 가장 작은 수가 되는 뺄셈식을 만들고 계산해 보시오.

| 5 | 4 | 3 | 7 |

☐☐ − ☐ = ☐

문제 이해하기

식 세우기

답 구하기

 정답 확인

 오늘 나의 실력은? | 부모님 확인

신기한 거울 암호

언니가 장난을 쳤어요. 거울 앞에 쪽지를 붙여 놨네요. 민지는 쪽지를 거울에
비추어 보고 자기 칫솔을 찾았어요. 민지의 칫솔은 어떤 것일까요?

교과서 덧셈과 뺄셈

받아내림이 있는 (몇십)−(두 자리 수) ❶

30−16은 어떻게 계산할까요?

• 일의 자리 수끼리 계산할 수 없으면 일의 자리로 10을 받아내림합니다.

• 받아내림하고 남은 수에서 십의 자리 수를 뺍니다.

	2	10			2	10
	3̸	0	→		2̸	0
−	1	6		−	1	6
		4			1	4

실력 확인하기

다음을 계산해 보시오.

1
```
    2 0
 -  1 4
```

2
```
    7 0
 -  3 1
```

3
```
    4 0
 -  2 5
```

4
```
    8 0
 -  5 9
```

5
```
    3 0
 -  1 2
```

6
```
    6 0
 -  3 3
```

1 수찬이는 과수원에서 딴 자두 60개 중 15개를 먹었습니다. 남은 자두는 몇 개입니까?

문제 이해하기 자두 수를 그림으로 나타내 빼면

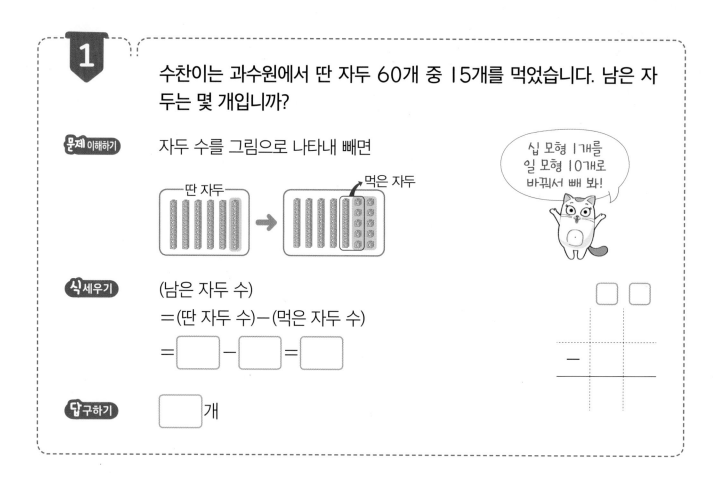

십 모형 1개를
일 모형 10개로
바꿔서 빼 봐!

식세우기 (남은 자두 수)

=(딴 자두 수)−(먹은 자두 수)

=□−□=□

답구하기 □개

---

2 미술 시간에 수수깡 30개 중 19개를 사용했습니다. 사용하고 남은 수수깡은 몇 개입니까?

문제 이해하기 수수깡 수를 그림으로 나타내 빼면

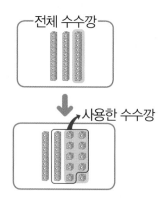

전체 수수깡

사용한 수수깡

식세우기 (남은 수수깡 수)

=(전체 수수깡 수)

−(사용한 수수깡 수)

=□−□=□

답구하기 □개

---

3 서희네 집에 동화책이 50권 있습니다. 그중 23권을 읽었다면 읽지 않은 동화책은 몇 권입니까?

문제 이해하기 동화책 수를 그림으로 나타내 빼면

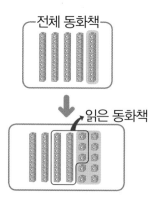

전체 동화책

읽은 동화책

식세우기 (읽지 않은 동화책 수)

=(전체 동화책 수)

−(읽은 동화책 수)

=□−□=□

답구하기 □권

4

건후는 도토리를 70개 주웠고, 예은이는 38개 주웠습니다. 건후는 예은이보다 도토리를 몇 개 더 많이 주웠습니까?

문제 이해하기 도토리 수를 그림으로 나타내 빼면

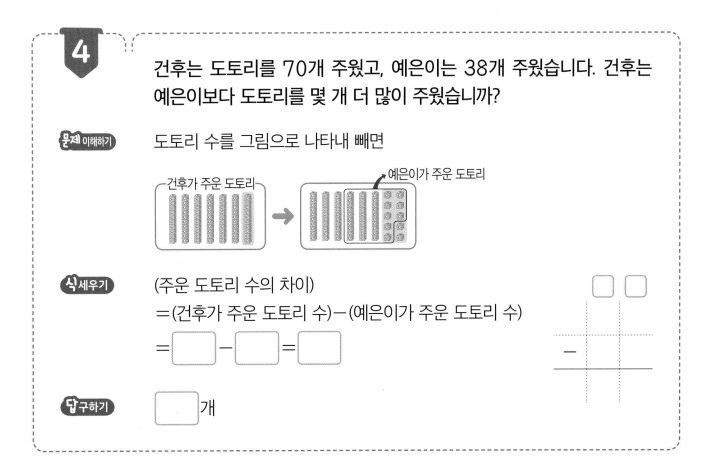

식 세우기 (주운 도토리 수의 차이)
　　　　　=(건후가 주운 도토리 수)−(예은이가 주운 도토리 수)

　　　　　=□−□=□

답 구하기 □개

5

운동장에 남학생이 19명, 여학생이 40명 있습니다. 여학생은 남학생보다 몇 명 더 많습니까?

문제 이해하기 학생 수를 그림으로 나타내 빼면

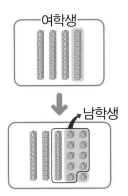

식 세우기 (학생 수의 차이)
　　　　　=(여학생 수)−(남학생 수)

　　　　　=□−□=□

답 구하기 □명

6

혜지는 카메라로 사진을 30장 찍었고, 범진이는 14장 찍었습니다. 혜지는 범진이보다 사진을 몇 장 더 찍었습니까?

문제 이해하기 찍은 사진 수를 그림으로 나타내 빼면

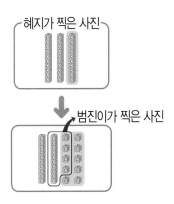

식 세우기 (찍은 사진 수의 차이)
　　　　　=(혜지가 찍은 사진 수)
　　　　　　−(범진이가 찍은 사진 수)

　　　　　=□−□=□

답 구하기 □장

같은 팀을 찾아요!

동물 마을 운동회에서 이인삼각 경기가 시작됐어요. 선수들은 나이 차이로 팀을 짰다고 하네요. 기린네 팀은 12살, 호랑이네 팀은 13살, 하마네 팀은 14살 차이가 나요. 같은 팀 끼리 선으로 이어 볼까요?

5주 / 2일

받아내림이 있는 (몇십)−(두 자리 수) ❷

공부한 날
월
일

---

1 계산 결과가 다른 하나를 찾아 기호를 쓰시오.

> ㉠ 40−15   ㉡ 50−35   ㉢ 60−45

 문제 이해하기   세로셈으로 나타내어 계산해 보면

㉠
4	0
− 1	5

㉡
5	0
− 3	5

㉢
6	0
− 4	5

 답 구하기   ☐

---

2 계산 결과가 다른 하나를 찾아 기호를 쓰시오.

> ㉠ 80−68   ㉡ 60−38   ㉢ 40−28

 문제 이해하기

답 구하기

95

3

⊙과 ⓒ에 알맞은 수를 각각 구하시오.

$$\begin{array}{r} 7\ 0 \\ -\ 2\ ⊙ \\ \hline 4\ 6 \end{array} \qquad \begin{array}{r} 5\ ⓒ \\ -\ 3\ 8 \\ \hline 1\ 2 \end{array}$$

 세로셈의 결과를 살펴보면 일의 자리로 ☐을 받아내림하였습니다.

$$\begin{array}{r} \boxed{\ }\ \boxed{\ } \\ 7\ 0 \\ -\ 2\ ⊙ \\ \hline 4\ 6 \end{array} \qquad \begin{array}{r} \boxed{\ }\ \boxed{\ } \\ 5\ ⓒ \\ -\ 3\ 8 \\ \hline 1\ 2 \end{array}$$

➔ $10 - ⊙ = \boxed{\ }$ 이므로

$⊙ = \boxed{\ }$

➔ $10 + ⓒ - 8 = \boxed{\ }$ 이므로

$ⓒ = \boxed{\ }$

답 구하기 $⊙ = \boxed{\ }$, $ⓒ = \boxed{\ }$

4

⊙과 ⓒ에 알맞은 수를 각각 구하시오.

$$\begin{array}{r} 9\ 0 \\ -\ ⊙\ 9 \\ \hline 2\ 1 \end{array} \qquad \begin{array}{r} 7\ 0 \\ -\ ⓒ\ 5 \\ \hline 3\ 5 \end{array}$$

문제 이해하기

답 구하기

5 □ 안에 들어갈 수 있는 수를 모두 찾아 쓰시오.

$$90 - \square < 35$$

| 53 | 54 | 55 | 56 | 57 |

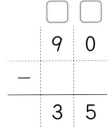

$90 - \square$의 차가 35가 되는 경우를 알아보면

	□	□
	9	0
−		
	3	5

➡ $90 - \square = 35$

➡ $90 - \square = 35$이므로 $90 - \square$가 35보다 작으려면

□는 [ ] 보다 (커야 , 작아야) 합니다.

  [ ] , [ ]

---

6 □ 안에 들어갈 수 있는 수를 모두 찾아 쓰시오.

$$40 - \square > 27$$

| 11 | 12 | 13 | 14 | 15 |

정답 확인   오늘 나의 실력은?   부모님 확인

친구의 편지

놀이동산에서 친구를 만나기로 했어요. 그런데 친구가 준 티켓에 뭔가 적혀 있네요. 자세히 보니 매표소 옆 담장에도 암호가 써 있고요. 내 친구는 어디에 있을까요?

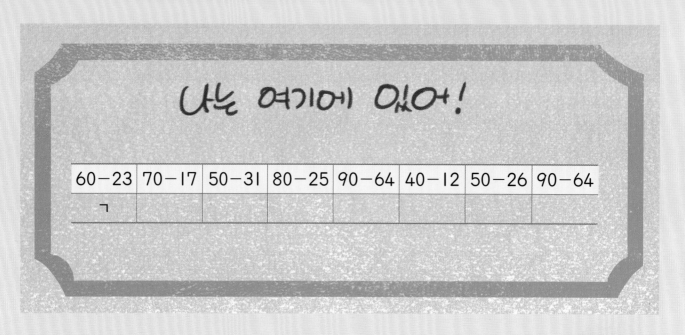

나는 여기에 있어!

60－23	70－17	50－31	80－25	90－64	40－12	50－26	90－64
ㄱ							

37	26	19	32	55	25	28
ㄱ	ㅏ	ㄴ	ㅓ	ㄹ	ㅗ	ㅁ
17	57	62	53	24	14	29
ㅂ	ㅜ	ㅈ	ㅘ	ㅊ	ㅚ	ㅎ

친구는 □에 있구나!

받아내림이 있는 (두 자리 수)−(두 자리 수) ❶

72−36은 어떻게 계산할까요?

- 일의 자리 수끼리 계산할 수 없으면 일의 자리로 10을 받아내림합니다.
- 받아내림하고 남은 수에서 십의 자리 수를 뺍니다.

$$
\begin{array}{r}
^6\!\!\!\!\!\,^{10}2 \\
\!\!\!\not{7} \\
-\ 3\ 6 \\
\hline
6
\end{array}
\rightarrow
\begin{array}{r}
^6\!\!\!\!\!\,^{10}2 \\
\!\!\!\not{7} \\
-\ 3\ 6 \\
\hline
3\ 6
\end{array}
$$

 실력 확인하기

다음을 계산해 보시오.

1
```
  ☐ ☐
  2 3
- 1 4
```

2
```
  ☐ ☐
  8 5
- 3 7
```

3
```
  ☐ ☐
  4 2
- 1 5
```

4
```
  ☐ ☐
  9 4
- 5 8
```

5
```
  ☐ ☐
  5 1
- 2 6
```

6
```
  ☐ ☐
  7 8
- 4 9
```

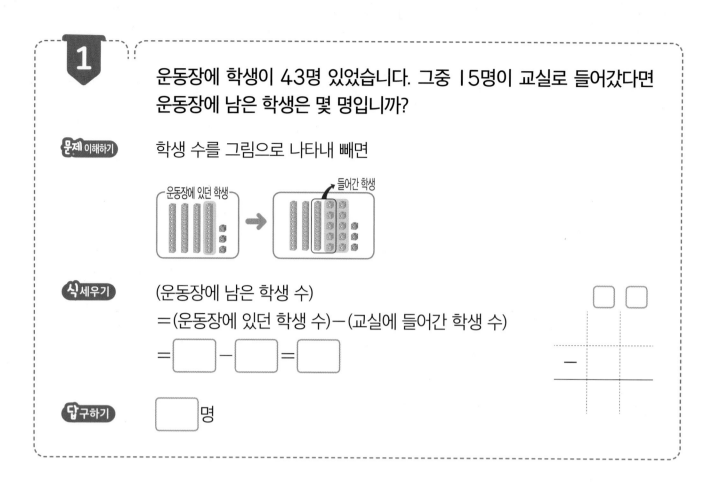

1

운동장에 학생이 43명 있었습니다. 그중 15명이 교실로 들어갔다면 운동장에 남은 학생은 몇 명입니까?

문제 이해하기 학생 수를 그림으로 나타내 빼면

운동장에 있던 학생 → 들어간 학생

식 세우기 (운동장에 남은 학생 수)
=(운동장에 있던 학생 수)−(교실에 들어간 학생 수)
=☐−☐=☐

답 구하기 ☐명

---

2 상자에 담긴 귤 51개 중 13개를 먹었습니다. 남은 귤은 몇 개입니까?

문제 이해하기 귤 수를 그림으로 나타내 빼면

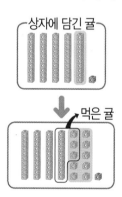

상자에 담긴 귤

먹은 귤

식 세우기 (남은 귤 수)
=(상자에 담긴 귤 수)−(먹은 귤 수)
=☐−☐=☐

답 구하기 ☐개

---

3 양계장의 닭들이 달걀을 64개 낳았습니다. 그중 37개를 팔았다면 남은 달걀은 몇 개입니까?

문제 이해하기 달걀 수를 그림으로 나타내 빼면

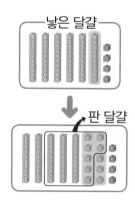

낳은 달걀

판 달걀

식 세우기 (남은 달걀 수)
=(낳은 달걀 수)−(판 달걀 수)
=☐−☐=☐

답 구하기 ☐개

4

빵집에서 단팥빵을 32개 만들고, 크림빵을 17개 만들었습니다. 단팥빵은 크림빵보다 몇 개 더 많습니까?

문제 이해하기 빵의 수를 그림으로 나타내 빼면

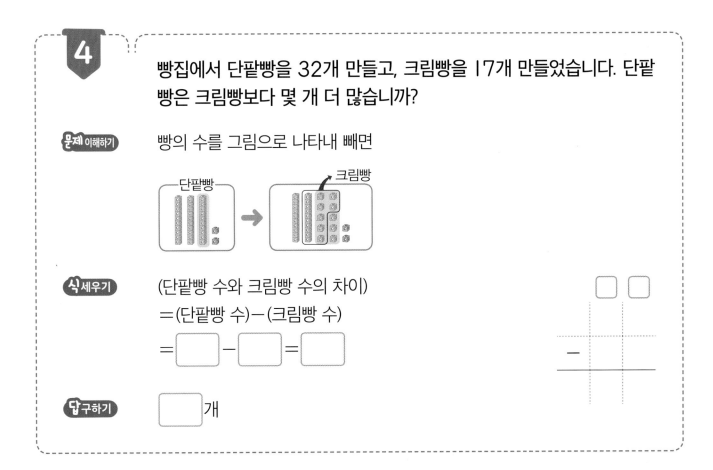

식 세우기 (단팥빵 수와 크림빵 수의 차이)
= (단팥빵 수) − (크림빵 수)

= ☐ − ☐ = ☐

$$\begin{array}{ccc} & \boxed{} & \boxed{} \\ - & & \\ \hline & & \end{array}$$

답 구하기 ☐ 개

5

진환이 아버지는 42살이고 어머니는 39살입니다. 진환이 아버지는 어머니보다 몇 살 더 많습니까?

문제 이해하기 나이를 그림으로 나타내 빼면

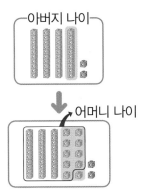

식 세우기 (아버지와 어머니의 나이 차이)
= (아버지의 나이) − (어머니의 나이)

= ☐ − ☐ = ☐

답 구하기 ☐ 살

6

박물관에 입장한 관람객은 남자가 55명, 여자가 26명입니다. 남자 관람객은 여자 관람객보다 몇 명 더 많습니까?

문제 이해하기 관람객 수를 그림으로 나타내 빼면

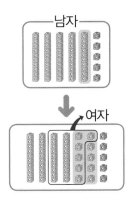

식 세우기 (관람객 수의 차이)
= (남자 관람객 수) − (여자 관람객 수)

= ☐ − ☐ = ☐

답 구하기 ☐ 명

모래 놀이를 해요

두 친구가 모래 놀이를 하고 있어요. 한 사람이 모래를 가져갈 때 차가 16이 되는 두 수씩만 가져갈 수 있어요. 모든 숫자를 가져갈 수 있도록 두 수씩 묶어 볼까요?

교과서 덧셈과 뺄셈

받아내림이 있는 (두 자리 수)−(두 자리 수) ❷

1 두 수씩 골라 차가 14가 되는 식을 두 가지 만들어 보시오.

| 40 | 72 | 58 | 16 | 39 | 53 |

문제 이해하기 두 수의 차가 14가 되어야 하므로

받아내림하여 일의 자리 수의 차가 □ 가 되는 두 수를 찾아 빼 보면

$$\begin{array}{r} 4\ 0 \\ - \\ \hline 4 \end{array} \qquad \begin{array}{r} 7\ 2 \\ - \\ \hline 4 \end{array} \qquad \begin{array}{r} 5\ 3 \\ - \\ \hline 4 \end{array}$$

답 구하기 □−□=14, □−□=14

2 두 수씩 골라 차가 39가 되는 식을 두 가지 만들어 보시오.

| 80 | 64 | 52 | 41 | 91 | 35 |

문제 이해하기

답 구하기

103

3 수 카드 2장을 골라 두 자리 수를 만들어 71에서 빼려고 합니다. 계산 결과가 가장 큰 수가 되는 뺄셈식을 쓰고 계산해 보시오.

$$\boxed{5} \quad \boxed{1} \quad \boxed{6} \qquad 71 - \boxed{} = \boxed{}$$

- 어떤 수에서 더 (큰 수 , 작은 수)를 뺄수록 계산 결과가 커집니다.
- 수 카드의 수의 크기를 비교해 보면

$$\boxed{1} < \boxed{5} < \boxed{6}$$

➡ 만들 수 있는 가장 작은 두 자리 수: $\boxed{}$

 71 −(만들 수 있는 가장 작은 두 자리 수)

$$= 71 - \boxed{} = \boxed{}$$

 $$71 - \boxed{} = \boxed{}$$

---

4 수 카드 2장을 골라 두 자리 수를 만들어 53에서 빼려고 합니다. 계산 결과가 가장 큰 수가 되는 뺄셈식을 쓰고 계산해 보시오.

$$\boxed{7} \quad \boxed{2} \quad \boxed{4} \qquad 53 - \boxed{} = \boxed{}$$

문제 이해하기

식 세우기

답 구하기

5

□ 안에 들어갈 수 있는 가장 큰 수를 구하시오.

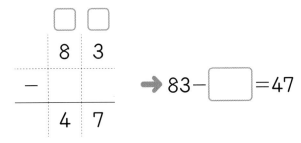

$$83-\square>47$$

문제 이해하기

$83-\square$의 차가 47이 되는 경우를 알아보면

```
  □ □
  8 3
−
  4 7
```

➔ $83-\square=47$

➔ $83-\square=47$이므로 $83-\square$가 47보다 크려면

□는 ☐보다 (커야 , 작아야) 합니다.

답 구하기 ☐

6

□ 안에 들어갈 수 있는 가장 큰 수를 구하시오.

$$75-\square>56$$

문제 이해하기

답 구하기

재미있는 수학 놀이터

사라진 페이지

도서관에 스파이가 숨어들어 책장을 뜯어 갔어요. 가장 많은 쪽수가 사라진 책은 무엇일까요? 찾아서 ○표 하세요.

교과서 **덧셈과 뺄셈**

세 수의 계산 ❶

16+32−15는 어떻게 계산할까요?

세 수의 계산은 앞에서부터 순서대로 합니다.

16+32−15=33

48

33

**실력
확인하기**

다음을 계산해 보시오.

1 14+6+8=☐

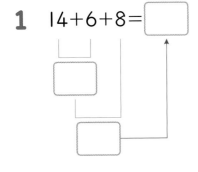

2 27+11+5=☐

3 98−42−13=☐

4 33−15−9=☐

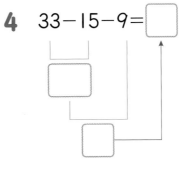

5 59+1−23=☐

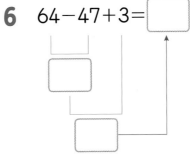

6 64−47+3=☐

1

빨간색 색종이 27장, 노란색 색종이 28장, 파란색 색종이 19장이 있습니다. 색종이는 모두 몇 장입니까?

문제 이해하기 색종이 수를 수직선에 나타내 보면

27　　　　28　　　　19

(전체 색종이 수)

식 세우기 (전체 색종이 수)= ☐ + ☐ + ☐ = ☐

☐

☐

답 구하기 ☐ 장

2

상자에 사과 19개, 귤 23개, 배 16개가 들어 있습니다. 상자에 들어 있는 과일은 모두 몇 개입니까?

문제 이해하기 과일 수를 수직선에 나타내 보면

19　　23　　16

(전체 과일 수)

식 세우기 (전체 과일 수)

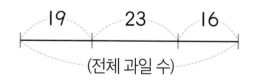

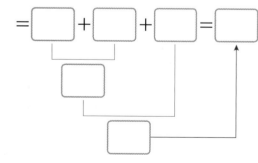

= ☐ + ☐ + ☐ = ☐

☐

☐

답 구하기 ☐ 개

3

목장에 소 15마리, 돼지 38마리, 염소 38마리가 있습니다. 목장에 있는 동물은 모두 몇 마리입니까?

문제 이해하기 동물 수를 수직선에 나타내 보면

15　　38　　38

(전체 동물 수)

식 세우기 (전체 동물 수)

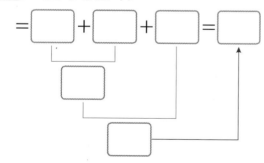

= ☐ + ☐ + ☐ = ☐

☐

☐

답 구하기 ☐ 마리

4

진호가 자두 75개를 샀습니다. 38개는 상해서 버리고 20개는 먹었다면 남은 자두는 몇 개입니까?

문제 이해하기 자두 수를 수직선에 나타내 보면

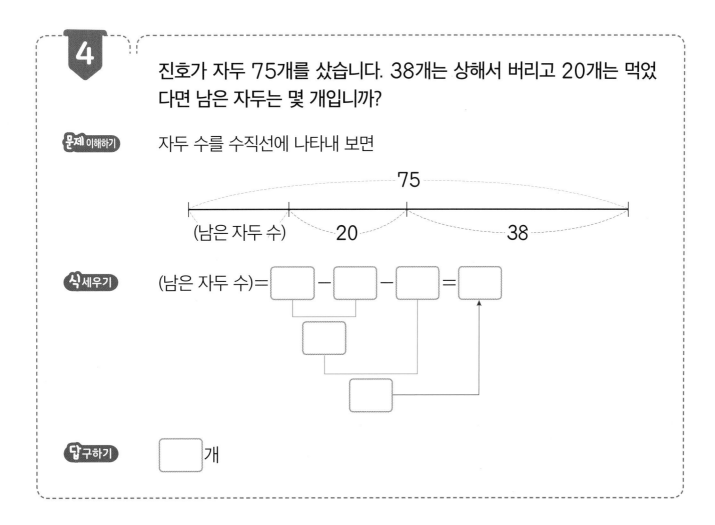

식 세우기 (남은 자두 수)= ☐ − ☐ − ☐ = ☐

답 구하기 ☐ 개

---

5 시우는 구슬 50개 중 15개를 잃어버리고 17개를 친구에게 주었습니다. 남은 구슬은 몇 개입니까?

문제 이해하기 구슬 수를 수직선에 나타내 보면

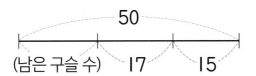

식 세우기 (남은 구슬 수)

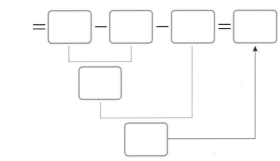

답 구하기 ☐ 개

---

6 나래는 전체가 93쪽인 동화책을 어제 29쪽 읽고 오늘 35쪽 읽었습니다. 읽지 않은 부분은 몇 쪽입니까?

문제 이해하기 쪽수를 수직선에 나타내 보면

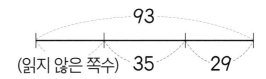

식 세우기 (읽지 않은 쪽수)

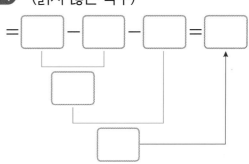

답 구하기 ☐ 쪽

즐거운 주스 가게

여러 가지 재료를 섞어서 과일 주스를 만들어요. 재료에 적힌 수를 모두 더한 값을 과일 주스 포장지에 쓰면 완성이래요. 포장지에 알맞은 수를 적어 음료를 완성해 볼까요?

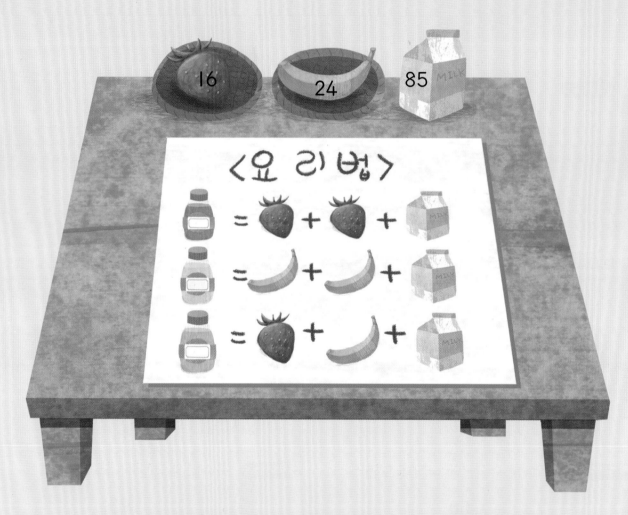

즐거운 주스 가게

여러 가지 재료를 섞어서 과일 주스를 만들어요. 재료에 적힌 수를 모두 더한 값을 과일 주스 포장지에 쓰면 완성이래요. 포장지에 알맞은 수를 적어 음료를 완성해 볼까요?

110

교과서 덧셈과 뺄셈

세 수의 계산 ❷

1

체육관에 남학생 48명과 여학생 43명이 있습니다. 체육관에 있는 학생 중 안경을 쓴 학생이 29명이라면 안경을 쓰지 않은 학생은 몇 명입니까?

문제 이해하기

학생 수를 수직선에 나타내 보면

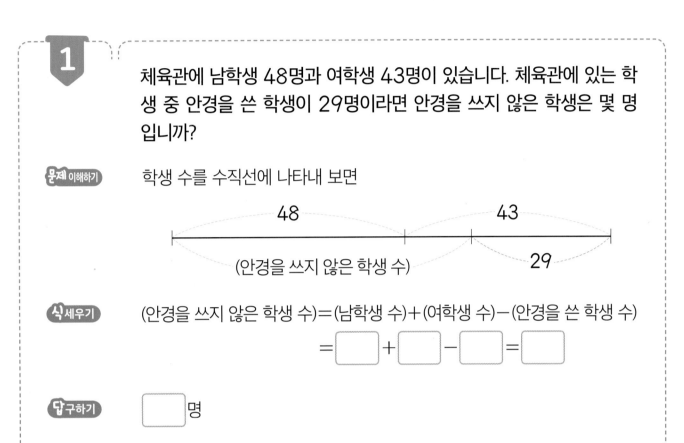

48   43

(안경을 쓰지 않은 학생 수)   29

식 세우기

(안경을 쓰지 않은 학생 수)=(남학생 수)+(여학생 수)-(안경을 쓴 학생 수)

= ☐ + ☐ - ☐ = ☐

답 구하기

☐ 명

2

버스에 31명이 타고 있었습니다. 이번 정류장에서 13명이 타고 20명이 내렸습니다. 지금 버스에 타고 있는 사람은 몇 명입니까?

문제 이해하기

식 세우기

답 구하기

3

□ 안에 알맞은 수를 구하시오.

$$52+29-\square=37$$

문제 이해하기 세 수의 계산에서 앞의 두 수를 먼저 계산해 보면

$$52+29-\square=37 \rightarrow \boxed{}-\square=37$$

□가 계산 결과가 되도록 다른 뺄셈식으로 나타내면

$$\boxed{}-\boxed{}=\boxed{} \rightarrow \boxed{}-\boxed{}=\square,\ \square=\boxed{}$$

답 구하기 □ = □

4

□ 안에 알맞은 수를 구하시오.

$$85-46+\square=54$$

문제 이해하기

답 구하기

112

5

서우네 집에 달걀이 34개 있었는데 29개를 더 사 오고 몇 개를 사용했습니다. 남은 달걀이 18개라면 사용한 달걀은 몇 개입니까?

문제 이해하기

달걀 수를 수직선에 나타내 보면

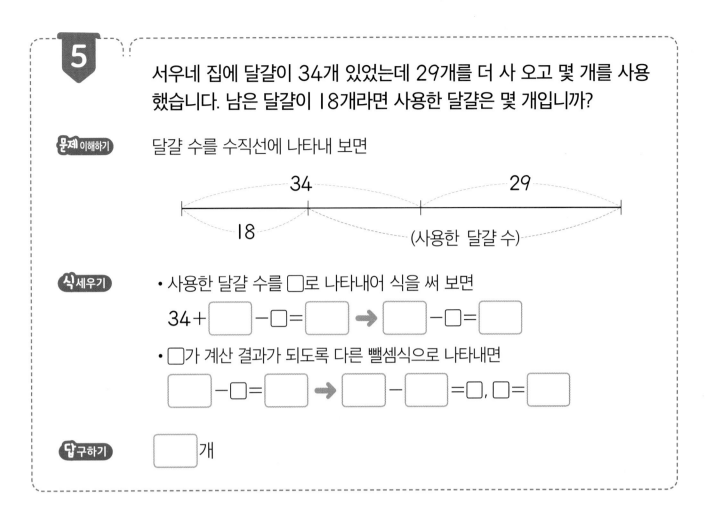

34   29

18   (사용한 달걀 수)

식 세우기

• 사용한 달걀 수를 ☐로 나타내어 식을 써 보면

$34 + \boxed{} - \square = \boxed{}$ ➡ $\boxed{} - \square = \boxed{}$

• ☐가 계산 결과가 되도록 다른 뺄셈식으로 나타내면

$\boxed{} - \square = \boxed{}$ ➡ $\boxed{} - \boxed{} = \square,\ \square = \boxed{}$

답 구하기

$\boxed{}$ 개

6

주차장에 자동차가 40대 있었습니다. 자동차 31대가 들어오고 몇 대가 나가서 44대가 되었습니다. 나간 자동차는 몇 대입니까?

문제 이해하기

식 세우기

답 구하기

우편 번호를 구해 봐

조각을 3개씩 합쳐서 빨간색 동그라미와 파란색 동그라미를 완성해 보세요.
세 조각에 적힌 수의 합을 구하면 우편 번호를 알아낼 수 있어요.

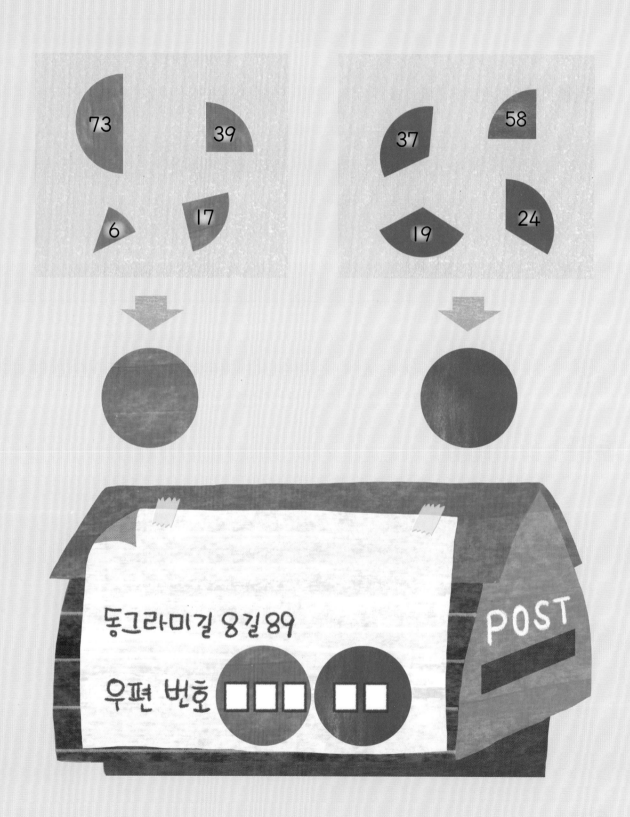

덧셈과 뺄셈의 관계 ❶

덧셈식을 뺄셈식으로, 뺄셈식을 덧셈식으로 나타낼 수 있습니다.

$③ + ⑤ = 8$ → $8 - ⑤ = ③$
$8 - ③ = ⑤$

$8 - ⑤ = ③$ → $③ + ⑤ = 8$
$⑤ + ③ = 8$

실력 확인하기

덧셈식을 뺄셈식으로, 뺄셈식을 덧셈식으로 나타내 보시오.

1 $4+8=12$

$12-8=\boxed{}$

$12-4=\boxed{}$

2 $16+9=25$

$25-\boxed{}=16$

$25-\boxed{}=9$

3 $25+37=62$

$\boxed{}-37=25$

$\boxed{}-25=37$

4 $13-7=6$

$6+7=\boxed{}$

$7+6=\boxed{}$

5 $34-25=9$

$9+\boxed{}=34$

$25+\boxed{}=34$

6 $92-48=44$

$\boxed{}+48=92$

$\boxed{}+44=92$

1

다음 덧셈식을 뺄셈식으로 나타내 보시오.

$$20+70=90$$

문제 이해하기 덧셈식을 수 막대에 나타내 보면

20   70

90

> 두 수의 합에서 더한 두 수 중 한 수를 빼면 다른 한 수가 남아.

→ 90에서 20을 빼면 [　] 이 남고, 70을 빼면 [　] 이 남습니다.

답 구하기

[　] − [　] = [　]

[　] − [　] = [　]

2

다음 덧셈식을 뺄셈식으로 나타내 보시오.

$$45+25=70$$

문제 이해하기 덧셈식을 수 막대에 나타내 보면

45   25

70

→ 70에서

45를 빼면 [　] 가 남고,

25를 빼면 [　] 가 남습니다.

답 구하기   [　] − [　] = [　]

[　] − [　] = [　]

3

다음 덧셈식을 뺄셈식으로 나타내 보시오.

$$30+28=58$$

문제 이해하기 덧셈식을 수직선에 나타내 보면

30   28

58

→ 58에서

30을 빼면 [　] 이 남고,

28을 빼면 [　] 이 남습니다.

답 구하기   [　] − [　] = [　]

[　] − [　] = [　]

4 다음 뺄셈식을 덧셈식으로 나타내 보시오.

$$80 - 30 = 50$$

문제 이해하기 뺄셈식을 수 막대에 나타내 보면

80

30   50

➡ 50과 30을 더하면 ☐ 이 됩니다.

더하는 두 수의 순서를 바꾸어도 합은 같아.

답 구하기

☐ + ☐ = ☐

☐ + ☐ = ☐

---

5 다음 뺄셈식을 덧셈식으로 나타내 보시오.

$$90 - 55 = 35$$

문제 이해하기 뺄셈식을 수 막대에 나타내 보면

90

55   35

➡ 35와 55를 더하면 ☐ 이 됩니다.

답 구하기

☐ + ☐ = ☐

☐ + ☐ = ☐

---

6 다음 뺄셈식을 덧셈식으로 나타내 보시오.

$$57 - 40 = 17$$

문제 이해하기 뺄셈식을 수 막대에 나타내 보면

57

40   17

➡ 17과 40을 더하면 ☐ 이 됩니다.

답 구하기

☐ + ☐ = ☐

☐ + ☐ = ☐

스마트폰을 열어요

잠긴 스마트폰을 열어 보세요. 문자메시지로 온 힌트를 보고 알맞은 식을 따라 이으면 패턴을 그릴 수 있어요.

초록색 칸 수와
분홍색 칸 수를 더해요!

30+60=90	90−30=60	52+38=90
71+19=90	38+52=90	60+30=90
19+71=90	90−52=38	90−60=30

덧셈식을
뺄셈식으로 나타내면?

118

교과서 덧셈과 뺄셈

덧셈과 뺄셈의 관계 ❷

1

세 수를 이용하여 4개의 식을 만들어 보시오.

82

25 57

가장 큰 수가 나머지 두 수의 합이 돼.

문제 이해하기

• 덧셈식 만들기: 가장 큰 수인 [ ]가 합이 되도록

나머지 두 수 [ ]와 [ ]을 더합니다.

• 뺄셈식 만들기: 가장 큰 수인 [ ]에서

나머지 두 수 [ ]와 [ ]을 각각 뺍니다.

답 구하기

[ ] + [ ] = [ ]   [ ] − [ ] = [ ]

[ ] + [ ] = [ ]   [ ] − [ ] = [ ]

2

세 수를 이용하여 4개의 식을 만들어 보시오.

66

49 17

문제 이해하기

답 구하기

덧셈식의 세 수를 이용하여 차가 37이 되는 뺄셈식을 만들어 보시오.

$$37+46=83$$

 주어진 덧셈식을 수 막대에 나타내 보면

> 두 수의 합에서
> 더한 두 수 중 한 수를 빼면
> 다른 한 수가 남아.

83

37   46

37 + 46 = 83

☐ － ☐ ＝ ☐

➡ ☐ 에서 ☐ 을 빼면 차가 37이 됩니다.

 ☐ － ☐ ＝ ☐

뺄셈식의 세 수를 이용하여 합이 70이 되는 덧셈식을 만들어 보시오.

$$70-25=45$$

문제 이해하기

답 구하기

5

63−44=19를 이용하여 ㉠과 ㉡에 알맞은 수를 각각 구하시오.

$$63- ㉠ =44$$
$$19+ ㉡ =63$$

문제 이해하기

- 주어진 뺄셈식을 차가 44가 되는 뺄셈식으로 나타내 보면

$$63- \quad 44 \quad =19$$

$$63- \boxed{} =44$$

- 주어진 뺄셈식을 합이 63이 되는 덧셈식으로 나타내 보면

$$63- \quad 44 \quad =19$$

$$19+ \boxed{} =63$$

답 구하기   ㉠=$\boxed{}$, ㉡=$\boxed{}$

6

54+36=90을 이용하여 ㉠과 ㉡에 알맞은 수를 각각 구하시오.

$$36+ ㉠ =90$$
$$90- ㉡ =54$$

문제 이해하기

답 구하기

보물 상자를 열어라!

해적 라라가 바닷가에서 금은보화를 발견했어요. ㉠, ㉡, ㉢, ㉣에 들어갈 도형이 바로 상자를 여는 암호랍니다. 편지에 적힌 식을 풀어 보물 상자를 열어 볼까요?

122

교과서 덧셈과 뺄셈

덧셈식에서 □의 값 구하기 ❶

덧셈식에서 □의 값은 덧셈식을 뺄셈식으로 나타내어 구합니다.

$$\Box + 18 = 25 \begin{cases} 25 - 18 = \Box & \rightarrow \quad \Box = 7 \\ 25 - \Box = 18 \end{cases}$$

실력 확인하기

덧셈과 뺄셈의 관계를 이용하여 빈칸에 알맞은 수를 써넣으시오.

1 $\Box + 24 = 39$

→ ☐ $- 24 = \Box$

→ $\Box = $ ☐

2 $52 + \Box = 73$

→ ☐ $- 52 = \Box$

→ $\Box = $ ☐

3 $15 + \Box = 64$

→ ☐ $- 15 = \Box$

→ $\Box = $ ☐

4 $\Box + 41 = 59$

→ ☐ $- 41 = \Box$

→ $\Box = $ ☐

5 $35 + \Box = 82$

→ ☐ $- 35 = \Box$

→ $\Box = $ ☐

6 $\Box + 67 = 94$

→ ☐ $- 67 = \Box$

→ $\Box = $ ☐

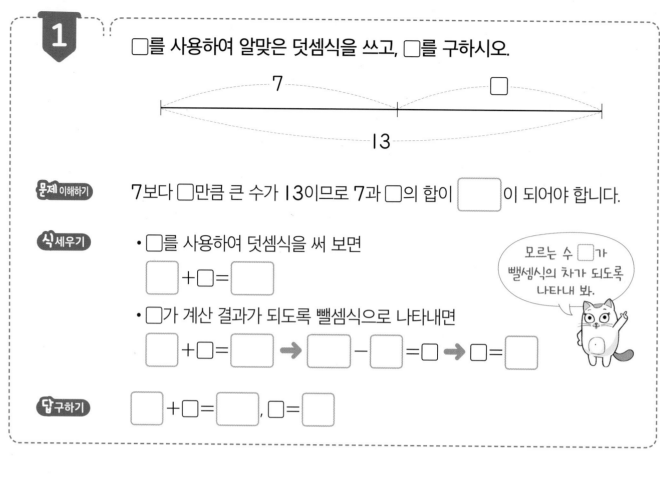

1 □를 사용하여 알맞은 덧셈식을 쓰고, □를 구하시오.

문제 이해하기 7보다 □만큼 큰 수가 13이므로 7과 □의 합이 ☐이 되어야 합니다.

식 세우기
- □를 사용하여 덧셈식을 써 보면

☐ + ☐ = ☐

- □가 계산 결과가 되도록 뺄셈식으로 나타내면

☐ + ☐ = ☐ → ☐ − ☐ = ☐ → ☐ = ☐

> 모르는 수 □가 뺄셈식의 차가 되도록 나타내 봐.

답 구하기 ☐ + ☐ = ☐ , □ = ☐

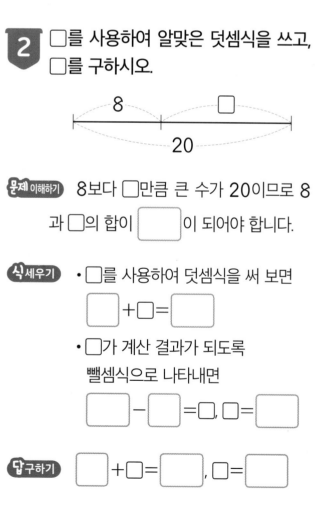

2 □를 사용하여 알맞은 덧셈식을 쓰고, □를 구하시오.

문제 이해하기 8보다 □만큼 큰 수가 20이므로 8과 □의 합이 ☐이 되어야 합니다.

식 세우기
- □를 사용하여 덧셈식을 써 보면

☐ + ☐ = ☐

- □가 계산 결과가 되도록 뺄셈식으로 나타내면

☐ − ☐ = □ , □ = ☐

답 구하기 ☐ + ☐ = ☐ , □ = ☐

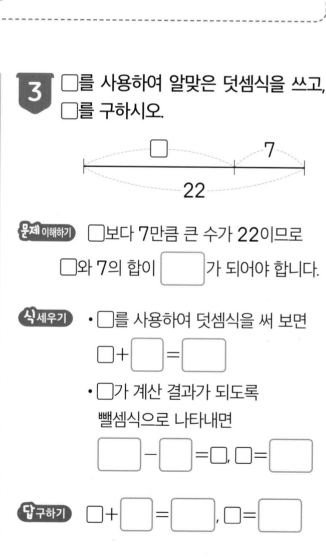

3 □를 사용하여 알맞은 덧셈식을 쓰고, □를 구하시오.

문제 이해하기 □보다 7만큼 큰 수가 22이므로 □와 7의 합이 ☐가 되어야 합니다.

식 세우기
- □를 사용하여 덧셈식을 써 보면

□ + ☐ = ☐

- □가 계산 결과가 되도록 뺄셈식으로 나타내면

☐ − ☐ = □ , □ = ☐

답 구하기 □ + ☐ = ☐ , □ = ☐

4

그림을 보고 □를 사용하여 알맞은 덧셈식을 쓰고, □를 구하시오.

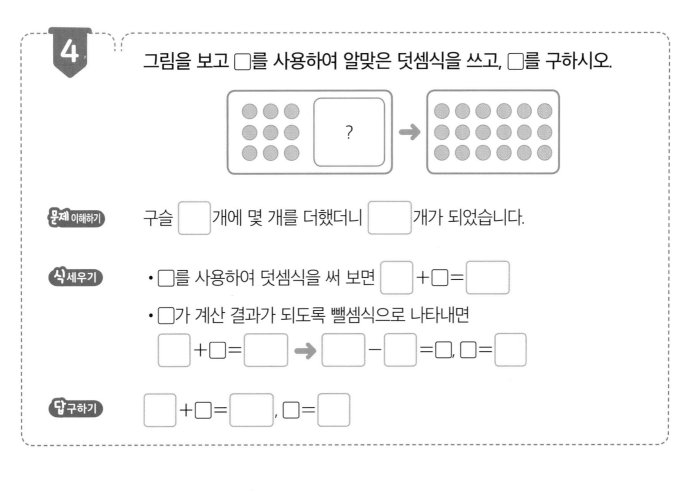

문제 이해하기 구슬 ☐개에 몇 개를 더했더니 ☐개가 되었습니다.

식 세우기
- □를 사용하여 덧셈식을 써 보면 ☐+☐=☐

- □가 계산 결과가 되도록 뺄셈식으로 나타내면

☐+☐=☐ ➡ ☐−☐=☐, □=☐

답 구하기 ☐+☐=☐ , □=☐

5

그림을 보고 □를 사용하여 알맞은 덧셈식을 쓰고, □를 구하시오.

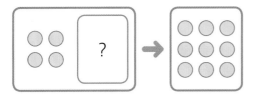

문제 이해하기 구슬 ☐개에 몇 개를 더했더니

☐개가 되었습니다.

식 세우기
- □를 사용하여 덧셈식을 써 보면

☐+☐=☐

- □가 계산 결과가 되도록
뺄셈식으로 나타내면

☐−☐=☐, □=☐

답 구하기 ☐+☐=☐ , □=☐

6

그림을 보고 □를 사용하여 알맞은 덧셈식을 쓰고, □를 구하시오.

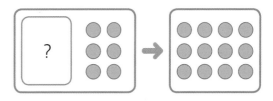

문제 이해하기 구슬 몇 개에 ☐개를 더했더니

☐개가 되었습니다.

식 세우기
- □를 사용하여 덧셈식을 써 보면

☐+☐=☐

- □가 계산 결과가 되도록
뺄셈식으로 나타내면

☐−☐=☐, □=☐

답 구하기 ☐+☐=☐ , □=☐

재미있는 물감 놀이

두 가지 색을 섞으면 새로운 색을 만들 수 있어요. 섞이는 두 색의 번호를 더하면 섞은 색의 번호가 돼요. 파란색과 빨간색, 보라색의 번호를 알아보고, 물감에 알맞게 써넣어 보세요.

재미있는 물감 놀이

교과서 덧셈과 뺄셈

덧셈식에서 □의 값 구하기 ❷

1

수민이가 딸기밭에서 딸기를 9개 땄습니다. 딸기를 몇 개 더 땄더니 모두 15개가 되었다면 수민이가 더 딴 딸기는 몇 개입니까?

문제 이해하기

딸기의 수를 그림으로 나타내 보면

9   □

15

식 세우기

• 더 딴 딸기 수를 □로 나타내어 덧셈식을 써 보면 ☐ + □ = ☐

• □가 계산 결과가 되도록 뺄셈식으로 나타내면

☐ + □ = ☐ → ☐ − ☐ = □, □ = ☐

답 구하기

☐개

2

준호와 누나가 가지고 있는 딱지는 모두 11장입니다. 누나가 가지고 있는 딱지가 4장이라면 준호가 가지고 있는 딱지는 몇 장입니까?

3

어떤 수에서 9를 빼야 하는데 잘못하여 더했더니 25가 되었습니다. 바르게 계산한 값을 구하시오.

- 어떤 수를 □로 나타내어 잘못 계산한 식을 써 보면

  어떤 수에 9를 더했더니 25가 되었습니다. ➡ □+9=□

- □가 계산 결과가 되도록 뺄셈식으로 나타내면

  □+9=□ ➡ □−□=□, □=□

  ➡ 어떤 수가 □이므로 바르게 계산하면 □−9=□

  □

4

24에서 어떤 수를 빼야 하는데 잘못하여 더했더니 40이 되었습니다. 바르게 계산한 값을 구하시오.

문제 이해하기

답 구하기

128

5 십의 자리 숫자가 3인 두 자리 수 중 □ 안에 들어갈 수 있는 수를 모두 구하시오.

$$26+\square>62$$

문제 이해하기

26+□의 합이 62가 될 때 □의 값을 알아보면

26+□=62 ➡ ▢ − ▢ = □,

□ = ▢

➡ 26+ ▢ =62이므로 26+□가 62보다 크려면

□는 ▢ 보다 (작아야 , 커야) 합니다.

답 구하기 ▢ , ▢ , ▢

---

6 십의 자리 숫자가 5인 두 자리 수 중 □ 안에 들어갈 수 있는 수를 모두 구하시오.

$$\square+19<72$$

문제 이해하기

답 구하기

정답 확인 | 오늘 나의 실력은? | 부모님 확인

비눗방울 덧셈

하나의 비눗방울 안에 있는 수들의 합은 같아요. 빈칸에는 어떤 수가 들어가야 할까요? 알맞은 수를 써 보세요.

교과서 덧셈과 뺄셈

뺄셈식에서 □의 값 구하기 ❶

뺄셈식에서 □의 값은 어떻게 구할까요?

- 뺄셈식을 덧셈식으로 나타내어 구합니다.

$$□ - 23 = 14$$

$$14 + 23 = □$$
$$23 + 14 = □$$

➡ □ = 37

- 뺄셈식을 다른 뺄셈식으로 나타내어 구합니다.

$$56 - □ = 31 \longrightarrow 56 - 31 = □ \rightarrow □ = 25$$

실력 확인하기

덧셈과 뺄셈의 관계를 이용하여 빈칸에 알맞은 수를 써넣으시오.

1 □ − 26 = 12

➡ 12 + □ = □

➡ □ = □

2 □ − 52 = 27

➡ 27 + □ = □

➡ □ = □

3 □ − 15 = 38

➡ 38 + □ = □

➡ □ = □

4 75 − □ = 14

➡ 75 − □ = □

➡ □ = □

5 39 − □ = 21

➡ 39 − □ = □

➡ □ = □

6 87 − □ = 44

➡ 87 − □ = □

➡ □ = □

□를 사용하여 알맞은 뺄셈식을 쓰고, □를 구하시오.

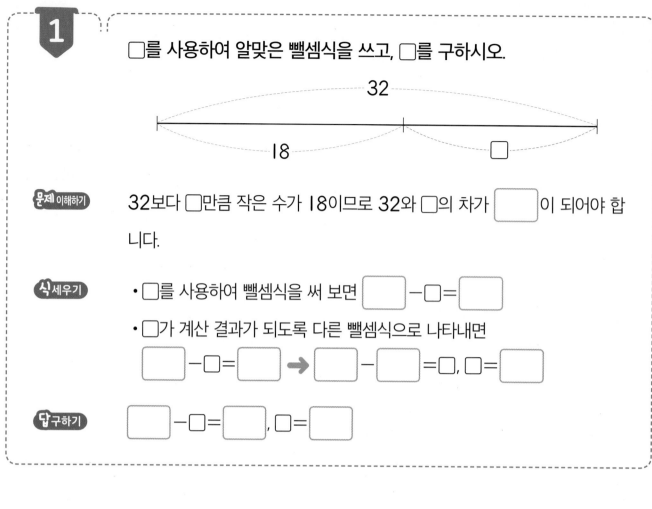

문제 이해하기 32보다 □만큼 작은 수가 18이므로 32와 □의 차가 [ ]이 되어야 합니다.

식 세우기
- □를 사용하여 뺄셈식을 써 보면 [ ] − □ = [ ]
- □가 계산 결과가 되도록 다른 뺄셈식으로 나타내면

  [ ] − □ = [ ] ➡ [ ] − [ ] = □, □ = [ ]

답 구하기 [ ] − □ = [ ] , □ = [ ]

---

2 □를 사용하여 알맞은 뺄셈식을 쓰고, □를 구하시오.

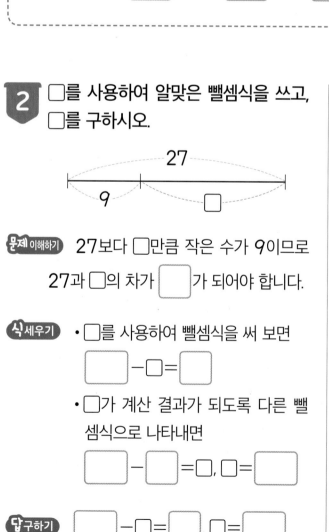

문제 이해하기 27보다 □만큼 작은 수가 9이므로 27과 □의 차가 [ ]가 되어야 합니다.

식 세우기
- □를 사용하여 뺄셈식을 써 보면

  [ ] − □ = [ ]
- □가 계산 결과가 되도록 다른 뺄셈식으로 나타내면

  [ ] − [ ] = □, □ = [ ]

답 구하기 [ ] − □ = [ ] , □ = [ ]

---

3 □를 사용하여 알맞은 뺄셈식을 쓰고, □를 구하시오.

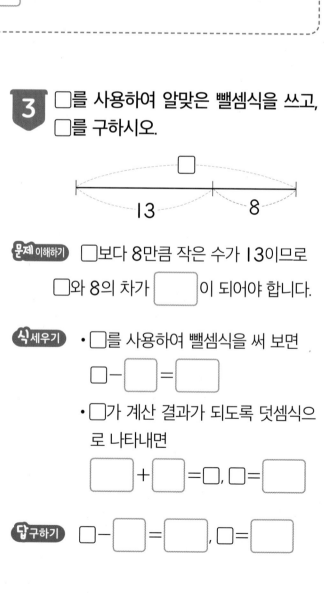

문제 이해하기 □보다 8만큼 작은 수가 13이므로 □와 8의 차가 [ ]이 되어야 합니다.

식 세우기
- □를 사용하여 뺄셈식을 써 보면

  □ − [ ] = [ ]
- □가 계산 결과가 되도록 덧셈식으로 나타내면

  [ ] + [ ] = □, □ = [ ]

답 구하기 □ − [ ] = [ ] , □ = [ ]

4

그림을 보고 □를 사용하여 알맞은 뺄셈식을 쓰고, □를 구하시오.

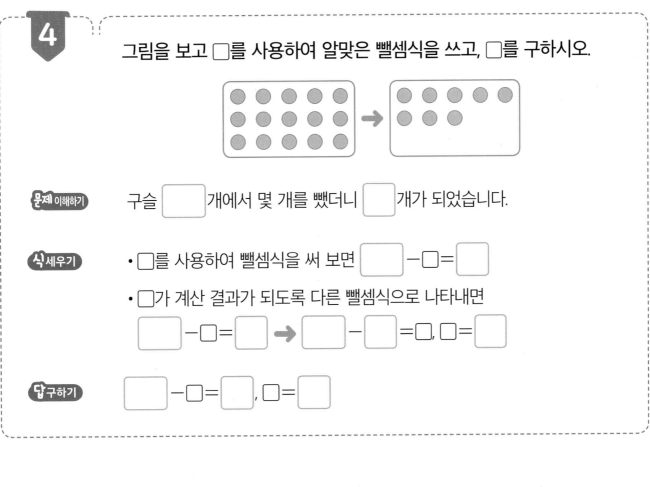

문제 이해하기 구슬 ☐ 개에서 몇 개를 뺐더니 ☐ 개가 되었습니다.

식 세우기
- □를 사용하여 뺄셈식을 써 보면 ☐ − ☐ = ☐

- □가 계산 결과가 되도록 다른 뺄셈식으로 나타내면

  ☐ − ☐ = ☐ ➡ ☐ − ☐ = □, □ = ☐

답 구하기 ☐ − ☐ = ☐ , □ = ☐

5

그림을 보고 □를 사용하여 알맞은 뺄셈식을 쓰고, □를 구하시오.

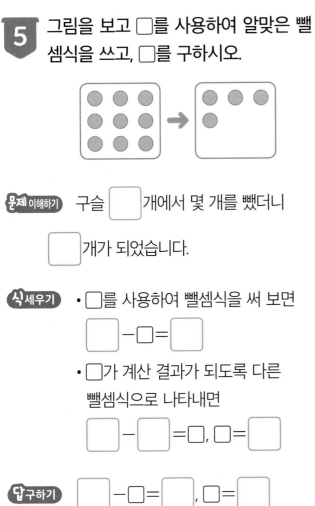

문제 이해하기 구슬 ☐ 개에서 몇 개를 뺐더니

☐ 개가 되었습니다.

식 세우기
- □를 사용하여 뺄셈식을 써 보면

  ☐ − ☐ = ☐

- □가 계산 결과가 되도록 다른 뺄셈식으로 나타내면

  ☐ − ☐ = □, □ = ☐

답 구하기 ☐ − ☐ = ☐ , □ = ☐

6

그림을 보고 □를 사용하여 알맞은 뺄셈식을 쓰고, □를 구하시오.

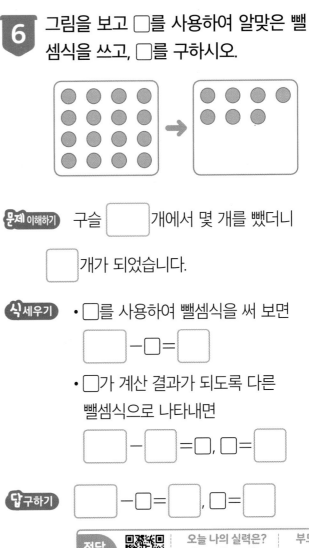

문제 이해하기 구슬 ☐ 개에서 몇 개를 뺐더니

☐ 개가 되었습니다.

식 세우기
- □를 사용하여 뺄셈식을 써 보면

  ☐ − ☐ = ☐

- □가 계산 결과가 되도록 다른 뺄셈식으로 나타내면

  ☐ − ☐ = □, □ = ☐

답 구하기 ☐ − ☐ = ☐ , □ = ☐

가격표를 붙여요

여기는 사탕 가게. 친구들이 먹고 싶은 사탕과 젤리, 초콜릿을 쟁반에 담았어요. 그런데 가격이 안 써 있는 가격표가 있네요. 여러분이 가격표를 바르게 채워 주세요.

교과서 덧셈과 뺄셈

뺄셈식에서 □의 값 구하기 ❷

1 빵을 몇 개 만들어서 12개를 팔았더니 19개가 남았습니다. 빵을 몇 개 만들었는지 □를 사용하여 식을 만들고 답을 구하시오.

문제 이해하기   만든 빵의 수를 그림으로 나타내 보면

$$\boxed{}$$

19   12

식 세우기
- 만든 빵의 수를 □로 나타내어 뺄셈식을 써 보면 $\boxed{}-\boxed{}=\boxed{}$
- □가 계산 결과가 되도록 덧셈식으로 나타내면

$$\boxed{}-\boxed{}=\boxed{} \Rightarrow \boxed{}+\boxed{}=\square, \square=\boxed{}$$

 답 구하기 $\boxed{}-\boxed{}=\boxed{}$, $\boxed{}$ 개

2 바구니에 있는 귤 중 9개를 먹었더니 8개가 남았습니다. 바구니에 귤이 모두 몇 개 있었는지 □를 사용하여 식을 만들고 답을 구하시오.

문제 이해하기

식 세우기

 답 구하기

3

어떤 수에 7을 더해야 하는데 잘못하여 뺐더니 16이 되었습니다. 바르게 계산한 값을 구하시오.

문제 이해하기

• 어떤 수를 $\square$로 나타내어 잘못 계산한 식을 써 보면

 어떤 수에서 7을 뺐더니 16이 되었습니다. ➡ $\square-7=\boxed{}$

• $\square$가 계산 결과가 되도록 덧셈식으로 나타내면

 $\square-7=\boxed{}$ ➡ $\boxed{}+7=\square$, $\square=\boxed{}$

 ➡ 어떤 수가 $\boxed{}$이므로 바르게 계산하면 $\boxed{}+7=\boxed{}$

답 구하기 $\boxed{}$

4

45에 어떤 수를 더해야 하는데 잘못하여 뺐더니 27이 되었습니다. 바르게 계산한 값을 구하시오.

답 구하기

5

십의 자리 숫자가 8인 두 자리 수 중 □ 안에 들어갈 수 있는 수를 모두 구하시오.

$$□-49<34$$

문제 이해하기

□−49의 차가 34가 될 때 □의 값을 알아보면

□−49=34 ➡ ☐ + ☐ = □, □ = ☐

➡ ☐ −49=34이므로 □−49가 34보다 작으려면

□는 ☐ 보다 (작아야 , 커야) 합니다.

답 구하기

☐ , ☐ , ☐

6

십의 자리 숫자가 2인 두 자리 수 중 □ 안에 들어갈 수 있는 수를 모두 구하시오.

$$60-□<33$$

문제 이해하기

답 구하기

정답 확인 오늘 나의 실력은? 부모님 확인

싹둑싹둑 머리카락 다듬는 날

승희가 언니와 동생과 함께 머리카락을 자르러 미용실에 갔어요. 자르기 전에 머리카락이 가장 길었던 사람에 ○표 하세요.

01 공장에서 장난감을 오늘 오전에 59개 생산했고, 오후에 74개 생산했습니다. 오늘 생산한 장난감은 모두 몇 개입니까?

02 마시멜로가 한 봉지에 50개 들어 있습니다. 그중 13개를 먹었다면 남은 마시멜로는 몇 개입니까?

03 제과점에서 쿠키 42개를 만들어 27개를 팔고 14개를 더 만들었습니다. 지금 제과점에 있는 쿠키는 몇 개입니까?

04 빨간색으로 표시한 숫자가 나타내는 값이 다른 하나는 무엇인지 찾아 기호를 쓰시오.

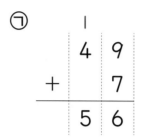

ㄱ
```
      1
    4 9
  +   7
    5 6
```

ㄴ
```
    6 10
    7 4
  -   6
    6 8
```

ㄷ
```
    1
      7 4
  +   8 4
    1 5 8
```

05 36+59를 계산하려고 합니다. 59를 60으로 생각하여 구하시오.

06 빈칸에 알맞은 수를 써넣으시오.

$$
\begin{array}{r}
2\ \square \\
+\ \square\ 8 \\
\hline
8\ 4
\end{array}
\qquad
\begin{array}{r}
\square\ 2 \\
-\ 4\ \square \\
\hline
1\ 7
\end{array}
$$

07 □ 안에 들어갈 수 있는 수 중 가장 큰 수를 구하시오.

$$\square - 28 < 45$$

08 수지는 밭에서 고구마를 34개 캤습니다. 수지가 캔 고구마는 동하가 캔 고구마보다 15개 더 많다고 합니다. 동하가 캔 고구마는 몇 개입니까?

09 어떤 수에 37을 더해야 하는데 잘못하여 뺐더니 17이 되었습니다. 바르게 계산한 값을 구하시오.

10 ◯ 안에 + 또는 −를 넣어 식을 완성하시오.

$$65 \bigcirc 28 \bigcirc 17 = 54$$

곱셈

이렇게 배우고 있어요!

학습 계획 세우기

공부할 내용에 대한 계획을 세우고,
학습해 보아요!

		학습 계획일	
7주 4일	묶어 세기, 몇씩 몇 묶음 ❶	월	일
7주 5일	묶어 세기, 몇씩 몇 묶음 ❷	월	일
8주 1일	몇의 몇 배 알아보기 ❶	월	일
8주 2일	몇의 몇 배 알아보기 ❷	월	일
8주 3일	곱셈식 ❶	월	일
8주 4일	곱셈식 ❷	월	일
8주 5일	단원 마무리	월	일

묶어 세기, 몇씩 몇 묶음 ①

12를 3씩 묶으면 4묶음입니다.

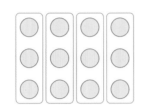

| 3 | 6 | 9 | 12 |

12를 4씩 묶으면 3묶음입니다.

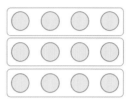

| 4 | 8 | 12 |

실력 확인하기

그림을 보고 빈칸에 알맞은 수를 써넣으시오.

1

2씩 ☐ 묶음

| 2 | 4 | 6 | ☐ | ☐ |

2

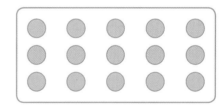

3씩 ☐ 묶음

| 3 | 6 | ☐ | ☐ | ☐ |

3

6씩 ☐ 묶음

| 6 | ☐ | ☐ |

4

7씩 ☐ 묶음

| 7 | ☐ | ☐ |

1 접시 위에 배를 2개씩 그려 넣고 배가 모두 몇 개인지 2씩 묶어 세어 보시오.

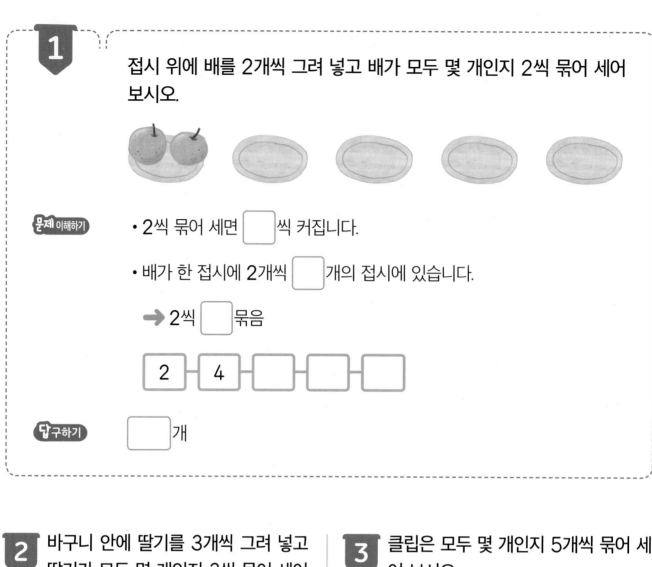

문제 이해하기

- 2씩 묶어 세면 [ ]씩 커집니다.

- 배가 한 접시에 2개씩 [ ]개의 접시에 있습니다.

➡ 2씩 [ ]묶음

| 2 | 4 | [ ] | [ ] | [ ] |

답 구하기 [ ]개

---

2 바구니 안에 딸기를 3개씩 그려 넣고 딸기가 모두 몇 개인지 3씩 묶어 세어 보시오.

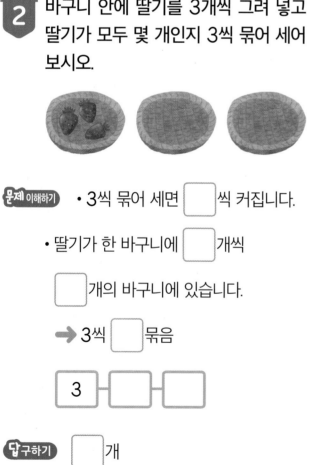

문제 이해하기

- 3씩 묶어 세면 [ ]씩 커집니다.

- 딸기가 한 바구니에 [ ]개씩 [ ]개의 바구니에 있습니다.

➡ 3씩 [ ]묶음

| 3 | [ ] | [ ] |

답 구하기 [ ]개

---

3 클립은 모두 몇 개인지 5개씩 묶어 세어 보시오.

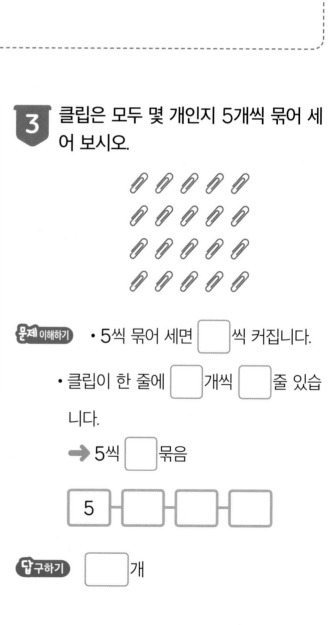

문제 이해하기

- 5씩 묶어 세면 [ ]씩 커집니다.

- 클립이 한 줄에 [ ]개씩 [ ]줄 있습니다.

➡ 5씩 [ ]묶음

| 5 | [ ] | [ ] | [ ] |

답 구하기 [ ]개

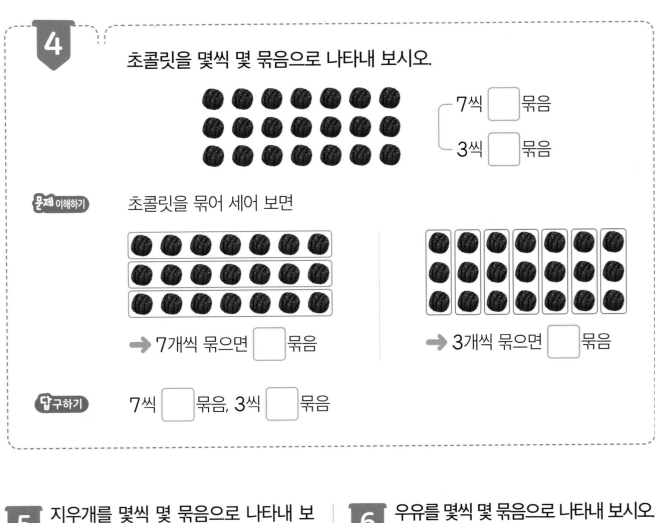

4 초콜릿을 몇씩 몇 묶음으로 나타내 보시오.

7씩 ☐ 묶음
3씩 ☐ 묶음

문제 이해하기 초콜릿을 묶어 세어 보면

➡ 7개씩 묶으면 ☐ 묶음

➡ 3개씩 묶으면 ☐ 묶음

답 구하기 7씩 ☐ 묶음, 3씩 ☐ 묶음

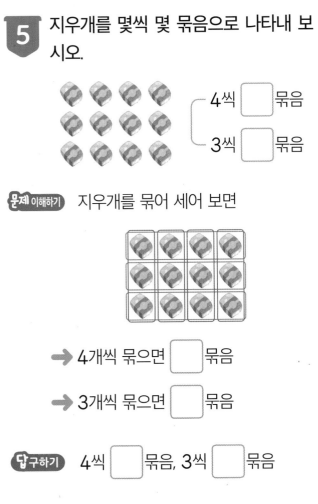

5 지우개를 몇씩 몇 묶음으로 나타내 보시오.

4씩 ☐ 묶음
3씩 ☐ 묶음

문제 이해하기 지우개를 묶어 세어 보면

➡ 4개씩 묶으면 ☐ 묶음

➡ 3개씩 묶으면 ☐ 묶음

답 구하기 4씩 ☐ 묶음, 3씩 ☐ 묶음

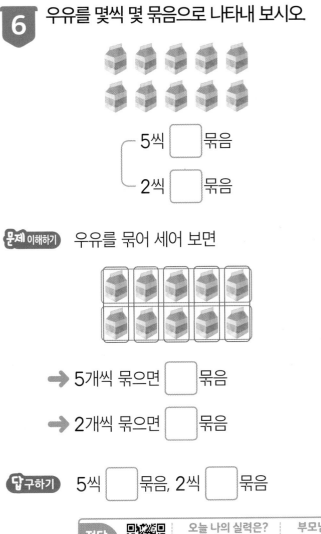

6 우유를 몇씩 몇 묶음으로 나타내 보시오

5씩 ☐ 묶음
2씩 ☐ 묶음

문제 이해하기 우유를 묶어 세어 보면

➡ 5개씩 묶으면 ☐ 묶음

➡ 2개씩 묶으면 ☐ 묶음

답 구하기 5씩 ☐ 묶음, 2씩 ☐ 묶음

거짓말쟁이 양치기 소년

양 떼 목장을 지키는 양치기 소년 삼 형제가 있었어요. 마을 사람들이 삼 형제에게 양을 몇씩 묶어 세었냐고 물어보았답니다. 셋 중 거짓말을 한 사람을 찾아 ○표 하세요.

교과서 곱셈

묶어 세기, 몇씩 몇 묶음 ❷

---

1 복숭아의 수를 바르게 센 것을 모두 찾아 기호를 쓰시오.

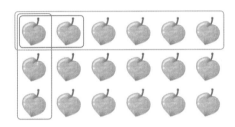

> ㉠ 6개씩 묶으면 3묶음이 됩니다.
> ㉡ 2씩 8묶음입니다.
> ㉢ 3+3+3+3+3+3으로 나타 낼 수 있습니다.

문제 이해하기

㉠ 복숭아를 6개씩 묶으면 ☐ 묶음

㉡ 복숭아를 2개씩 묶으면 ☐ 묶음 ➡ 2씩 ☐ 묶음

㉢ 복숭아를 3개씩 묶으면 ☐ 묶음 ➡ 3+3+3+3+3+3

답 구하기 ☐ , ☐

---

2 종이배의 수를 바르게 센 것을 찾아 기호를 쓰시오.

> ㉠ 3+3+3으로 나타낼 수 있습니다.
> ㉡ 4개씩 묶으면 4묶음이 됩니다.
> ㉢ 6씩 2묶음입니다.

문제 이해하기

답 구하기

5씩 뛰어서 세려고 합니다. 수직선에 화살표로 나타내고, 빈칸에 알맞은 수를 써넣으시오.

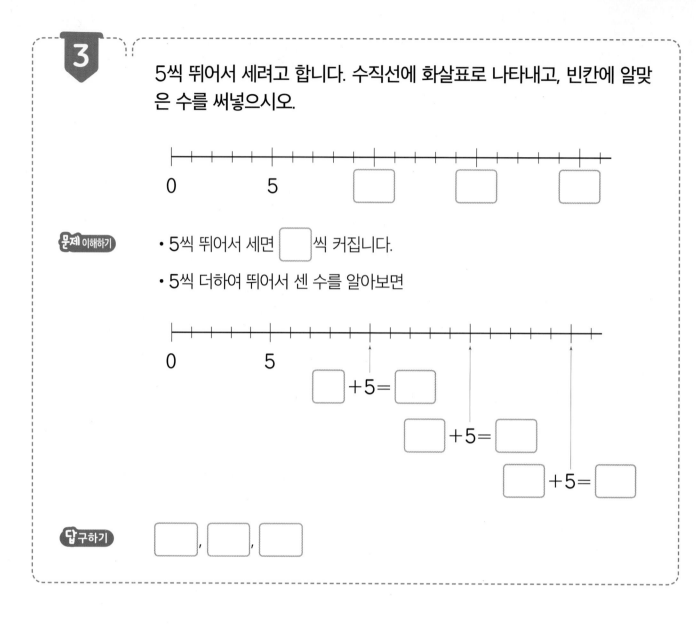

문제 이해하기

• 5씩 뛰어서 세면 [ ]씩 커집니다.

• 5씩 더하여 뛰어서 센 수를 알아보면

[ ]+5=[ ]

[ ]+5=[ ]

[ ]+5=[ ]

답 구하기 [ ], [ ], [ ]

4

7씩 뛰어서 세려고 합니다. 수직선에 화살표로 나타내고, 빈칸에 알맞은 수를 써넣으시오.

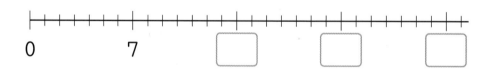

문제 이해하기

답 구하기

5 도토리는 몇씩 몇 묶음인지 서로 다른 세 가지 방법으로 나타내어 보시오.

문제 이해하기

도토리를 묶어 세어 보면

→ 2씩 ☐ 묶음

→ 4씩 ☐ 묶음

→ 8씩 ☐ 묶음

답 구하기

☐ 씩 ☐ 묶음, ☐ 씩 ☐ 묶음, ☐ 씩 ☐ 묶음

6 귤은 몇씩 몇 묶음인지 서로 다른 네 가지 방법으로 나타내어 보시오.

문제 이해하기

답 구하기

정답 확인

오늘 나의 실력은?

부모님 확인

즐거운 윷놀이

수혁이와 설아가 윷놀이를 하고 있어요. 수혁이는 던질 때마다 윷이 나오고, 설아는 던질 때마다 걸이 나오네요. 윷놀이 판에서 두 사람의 말이 모두 멈췄던 칸을 찾아 ○표 하세요.

윷이 나오면 네 칸, 걸이 나오면 세 칸 앞으로 말을 움직여.

나는 4칸씩 간다!

나는 걸만 나오네.

수혁

설아

교과서 곱셈

몇의 몇 배 알아보기 ❶

- 2씩 4묶음은 2+2+2+2로 나타낼 수 있습니다.
- 2+2+2+2=8이므로 2의 4배는 8입니다.

실력 확인하기

빈칸에 알맞은 수를 써넣으시오.

1
$$3+3+3=9$$

➡ 3의 ☐ 배는 ☐ 입니다.

2
$$5+5+5+5=20$$

➡ 5의 ☐ 배는 ☐ 입니다.

3
$$2+2+2+2+2=10$$

➡ 2의 ☐ 배는 ☐ 입니다.

4
$$6+6+6=18$$

➡ 6의 ☐ 배는 ☐ 입니다.

5
$$4+4+4+4+4+4=24$$

➡ 4의 ☐ 배는 ☐ 입니다.

6
$$7+7+7=21$$

➡ 7의 ☐ 배는 ☐ 입니다.

1

20은 4의 몇 배입니까?

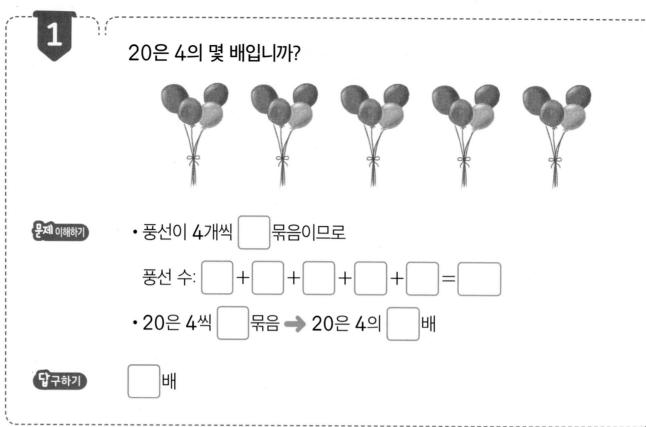

문제 이해하기

- 풍선이 4개씩 ☐ 묶음이므로

  풍선 수: ☐ + ☐ + ☐ + ☐ + ☐ = ☐

- 20은 4씩 ☐ 묶음 ➡ 20은 4의 ☐ 배

답 구하기 ☐ 배

---

2 15는 5의 몇 배입니까?

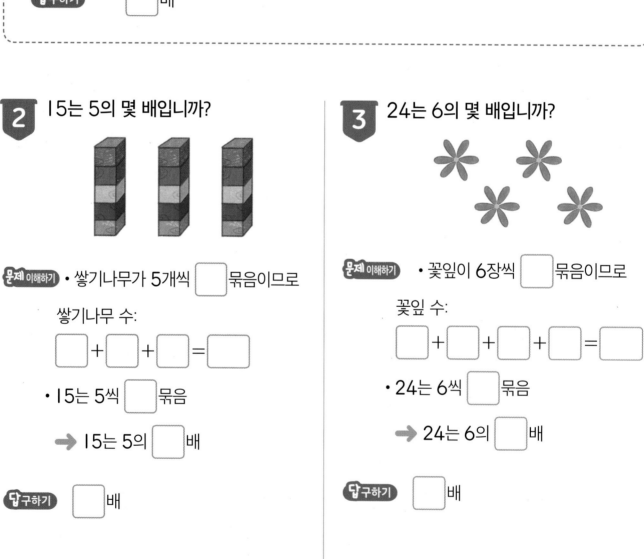

문제 이해하기 · 쌀기나무가 5개씩 ☐ 묶음이므로

쌀기나무 수:

☐ + ☐ + ☐ = ☐

· 15는 5씩 ☐ 묶음

➡ 15는 5의 ☐ 배

답 구하기 ☐ 배

3 24는 6의 몇 배입니까?

문제 이해하기 · 꽃잎이 6장씩 ☐ 묶음이므로

꽃잎 수:

☐ + ☐ + ☐ + ☐ = ☐

· 24는 6씩 ☐ 묶음

➡ 24는 6의 ☐ 배

답 구하기 ☐ 배

4

정우는 사탕을 2개 가지고 있고, 희수는 정우의 4배를 가지고 있습니다. 희수가 가진 사탕은 모두 몇 개입니까?

문제 이해하기 정우와 희수가 가진 사탕을 그림으로 나타내 보면

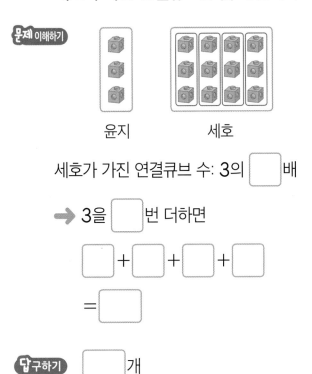

정우   희수

희수가 가진 사탕 수: 2의 ☐ 배

➔ 2를 ☐ 번 더하면 ☐ + ☐ + ☐ + ☐ = ☐

답 구하기 ☐ 개

5

윤지는 연결큐브를 3개 가지고 있고, 세호는 윤지의 4배를 가지고 있습니다. 세호가 가진 연결큐브는 몇 개입니까?

문제 이해하기

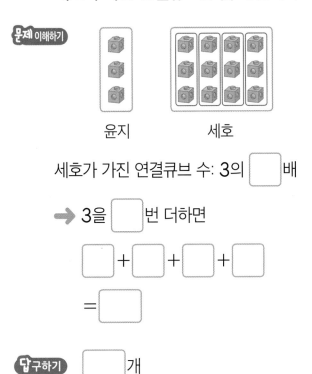

윤지   세호

세호가 가진 연결큐브 수: 3의 ☐ 배

➔ 3을 ☐ 번 더하면

☐ + ☐ + ☐ + ☐

= ☐

답 구하기 ☐ 개

6

민호는 연필을 4자루 가지고 있고, 소율이는 민호의 3배를 가지고 있습니다. 소율이가 가진 연필은 몇 자루입니까?

문제 이해하기

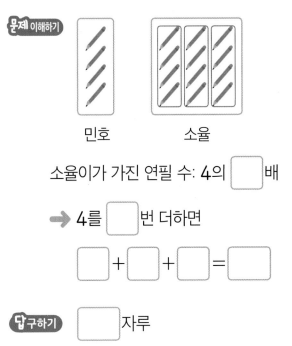

민호   소율

소율이가 가진 연필 수: 4의 ☐ 배

➔ 4를 ☐ 번 더하면

☐ + ☐ + ☐ = ☐

답 구하기 ☐ 자루

엄마의 조각보

엄마가 세모 모양 헝겊을 연결하여 조각보를 만드셨어요. 엄마가 만든 조각
보의 크기는 세모 모양 헝겊의 몇 배일까요? 빈칸에 알맞은 수를 써 보세요.

의 ☐ 배

의 ☐ 배

의 ☐ 배

몇의 몇 배 알아보기 ❷

1 파란색 연결큐브의 수는 주황색 연결큐브의 수의 몇 배입니까?

문제 이해하기

• 주황색 연결큐브 수: ☐ 개

• 파란색 연결큐브 수를 **4**개씩 뛰어 세어 보면

☐ 개씩 ☐ 번입니다.

➡ 파란색 연결큐브 수는 주황색 연결큐브 수의 ☐ 배입니다.

답 구하기 ☐ 배

2 빨간색 테이프의 길이는 노란색 테이프의 길이의 몇 배입니까?

문제 이해하기

답 구하기

3 농구공 수의 4배인 것을 찾아 기호를 쓰시오.

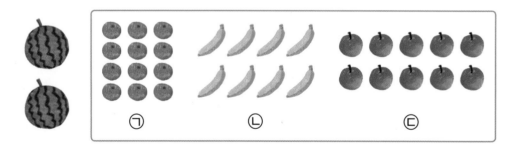

　　　　　㉠　　　　　　㉡　　　　　　㉢

문제 이해하기 농구공이 4개이므로 공을 4개씩 묶어 보면

㉠ 야구공 수: 4씩 ☐ 묶음 ➡ 4의 ☐ 배

㉡ 축구공 수: 4씩 ☐ 묶음 ➡ 4의 ☐ 배

㉢ 테니스공 수: 4씩 ☐ 묶음 ➡ 4의 ☐ 배

 ☐

4 수박 수의 6배인 것을 찾아 기호를 쓰시오.

　　　　　㉠　　　　　　㉡　　　　　　㉢

 문제 이해하기

 구하기

5

⊙과 ⓒ의 차는 얼마입니까?

| ⊙ 3의 4배　　　ⓒ 3의 6배 |

문제 이해하기

⊙과 ⓒ을 그림으로 나타내 보면

⊙ 3의 4배

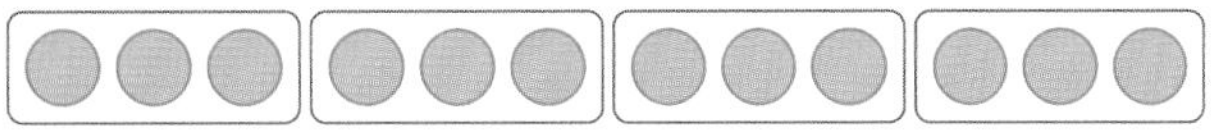

◯◯◯ ◯◯◯ ◯◯◯ ◯◯◯

ⓒ 3의 6배

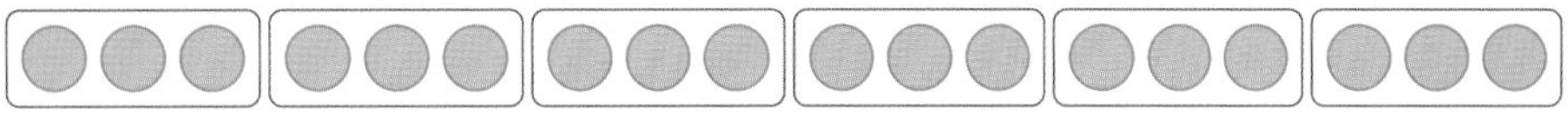

◯◯◯ ◯◯◯ ◯◯◯ ◯◯◯ ◯◯◯ ◯◯◯

⊙과 ⓒ은 ☐씩 ☐ 묶음만큼 차이가 납니다.

➡ ⊙과 ⓒ의 차는 ☐의 ☐배이므로 ☐ + ☐ = ☐ 입니다.

답 구하기

☐

6

⊙과 ⓒ의 차는 얼마입니까?

| ⊙ 2의 3배　　　ⓒ 2의 5배 |

문제 이해하기

답 구하기

초콜릿 한 판 만들기

세 친구가 각기 다른 모양의 초콜릿 조각을 가지고 있네요. 전체 초콜릿 한 판은 친구들이 가지고 있는 초콜릿 조각의 몇 배일까요? 빈칸에 알맞게 써 보세요.

초콜릿 한 판은
내 초콜릿의 ☐ 배야.

초콜릿 한 판은
내 초콜릿의 ☐ 배야.

초콜릿 한 판은
내 초콜릿의 ☐ 배야.

교과서 곱셈

곱셈식 ❶

- 꽃의 수는 4씩 5묶음이므로 4의 5배입니다.
- 4의 5배는 곱셈식으로 4×5라고 씁니다.

➡ $4+4+4+4+4=20$

실력 확인하기

빈칸에 알맞은 수를 써넣으시오.

1
$$2+2+2+2=8$$
➡ $2 × \boxed{} = \boxed{}$

2
$$5+5+5+5+5=25$$
➡ $5 × \boxed{} = \boxed{}$

3
$$6+6+6+6+6=30$$
➡ $6 × \boxed{} = \boxed{}$

4
$$8+8=16$$
➡ $8 × \boxed{} = \boxed{}$

5
$$7+7+7+7=28$$
➡ $7 × \boxed{} = \boxed{}$

6
$$9+9+9=27$$
➡ $9 × \boxed{} = \boxed{}$

고깔모자는 모두 몇 개인지 곱셈식으로 나타내어 보시오.

문제 이해하기 고깔모자 수는 ☐씩 ☐묶음이므로 ☐의 ☐배

➡ 고깔모자 수를 덧셈식으로 나타내 보면

☐ + ☐ + ☐ + ☐ + ☐ = 15

➡ 고깔모자 수를 곱셈식으로 나타내 보면

☐ × ☐ = ☐

답 구하기 ☐ × ☐ = ☐

---

2 바나나는 모두 몇 개인지 곱셈식으로 나타내어 보시오.

문제 이해하기 바나나 수는 ☐씩 ☐묶음

이므로 ☐의 ☐배

➡ 바나나 수를 덧셈식으로 나타내 보면

☐ + ☐ + ☐ + ☐ = 16

➡ 바나나 수를 곱셈식으로 나타내 보면

☐ × ☐ = ☐

답 구하기 ☐ × ☐ = ☐

---

3 만두는 모두 몇 개인지 곱셈식으로 나타내어 보시오.

문제 이해하기 만두 수는 ☐씩 ☐묶음

이므로 ☐의 ☐배

➡ 만두 수를 덧셈식으로 나타내 보면

☐ + ☐ + ☐ = 21

➡ 만두 수를 곱셈식으로 나타내 보면

☐ × ☐ = ☐

답 구하기 ☐ × ☐ = ☐

4 소라가 모두 몇 개인지 네 가지 곱셈식으로 나타내어 보시오.

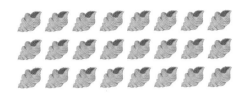

문제 이해하기 소라의 수를 곱셈식으로 나타내 보면

3의 ☐ 배 ➡ 3 × ☐ = 24   6의 ☐ 배 ➡ 6 × ☐ = 24

4의 ☐ 배 ➡ 4 × ☐ = 24   8의 ☐ 배 ➡ 8 × ☐ = 24

답 구하기 ☐ × ☐ = ☐ , ☐ × ☐ = ☐ ,

☐ × ☐ = ☐ , ☐ × ☐ = ☐

---

5 초가 모두 몇 개인지 네 가지 곱셈식으로 나타내어 보시오.

문제 이해하기 초의 수를 곱셈식으로 나타내 보면

2의 ☐ 배 ➡ 2 × ☐ = 18

3의 ☐ 배 ➡ 3 × ☐ = 18

6의 ☐ 배 ➡ 6 × ☐ = 18

9의 ☐ 배 ➡ 9 × ☐ = 18

답 구하기 2 × ☐ = 18, 3 × ☐ = 18,

6 × ☐ = 18, 9 × ☐ = 18

---

6 밤이 모두 몇 개인지 세 가지 곱셈식으로 나타내어 보시오.

문제 이해하기 밤의 수를 곱셈식으로 나타내 보면

2의 ☐ 배 ➡ 2 × ☐ = ☐

4의 ☐ 배 ➡ 4 × ☐ = ☐

8의 ☐ 배 ➡ 8 × ☐ = ☐

답 구하기 2 × ☐ = ☐ ,

4 × ☐ = ☐ ,

8 × ☐ = ☐

찾아라! 마트 암호

식료품 마트에서 손님들에게 암호 퀴즈를 냈어요. 빈칸에 들어갈 숫자를 순서대로 배열한 네 자리 암호를 바르게 외쳐야 행운의 주인공이 될 수 있대요. 행운의 주인공에 ○표 하세요.

교과서 곱셈

곱셈식 ❷

1 다음 그림의 6배만큼 책을 쌓으려고 합니다. 책은 모두 몇 권 필요합니까?

문제 이해하기 쌓여 있는 책이 □권이므로

필요한 책의 수는 4의 □배입니다.

➡ □ + □ + □ + □ + □ + □ = □

➡ □ × □ = □

답 구하기 □권

2 성냥개비로 다음 그림과 같은 육각형을 5개 만들려고 합니다. 성냥개비는 모두 몇 개 필요합니까?

문제 이해하기

답 구하기

3

꽃 모양이 규칙적으로 그려진 카펫 위에 쟁반을 내려 놓았습니다. 카펫에 그려진 꽃 모양은 모두 몇 개입니까?

 문제 이해하기

쟁반으로 가려진 부분에도 같은 규칙으로 꽃 모양이 있으므로

꽃 모양은 9개씩 ☐줄입니다. 9개씩 ☐줄은 9의 ☐배입니다.

➡ ☐ + ☐ + ☐ + ☐ = ☐

➡ ☐ × ☐ = ☐

답 구하기 ☐개

4

별 모양이 규칙적으로 그려진 포장지 위에 얼룩이 묻었습니다. 포장지에 그려진 별 모양은 모두 몇 개입니까?

 문제 이해하기

 답 구하기

5 구슬의 수를 잘못 나타낸 것을 찾아 기호를 쓰시오.

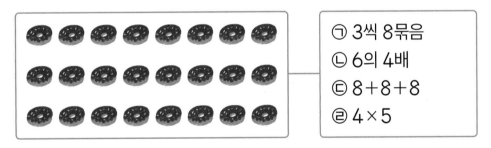

㉠ 6씩 3묶음
㉡ 2의 9배
㉢ 9+9+9
㉣ 3×6

문제 이해하기

㉠ 구슬을 6개씩 묶으면 ☐묶음입니다. ➡ 6씩 ☐묶음

㉡ 구슬을 2개씩 묶으면 ☐묶음입니다. ➡ 2의 ☐배

㉢ 구슬을 9개씩 묶으면 ☐묶음입니다. ➡ ☐ + ☐

㉣ 구슬을 3개씩 묶으면 ☐묶음입니다. ➡ ☐ × ☐

답구하기 ☐

---

6 도넛의 수를 잘못 나타낸 것을 찾아 기호를 쓰시오.

㉠ 3씩 8묶음
㉡ 6의 4배
㉢ 8+8+8
㉣ 4×5

문제 이해하기

답구하기

대나무 키 재기

여기는 모눈 나라 안의 대나무 숲속이에요. 키가 같은 대나무끼리 나란히 서 있네요. 대나무의 키를 따져 보면 곱셈식을 완성할 수 있어요. 빈칸에 알맞은 수를 써 보세요.

$2 \times 3 = \boxed{} \times \boxed{}$

$3 \times \boxed{} = \boxed{} \times \boxed{}$

$\boxed{} \times \boxed{} = \boxed{} \times \boxed{}$

01 팽이는 몇씩 몇 묶음인지 서로 다른 두 가지 방법으로 나타내어 보시오.

02 당근의 수는 오이 수의 몇 배입니까?

03 음료수가 모두 몇 개인지 세 가지 곱셈식으로 나타내어 보시오.

04 색연필은 모두 몇 자루입니까?

05 성주의 나이는 8살이고, 아버지의 나이는 성주 나이의 5배입니다. 아버지의 나이는 몇 살입니까?

06 그림을 보고 빈칸에 알맞은 수를 써넣으시오.

9	9

3	3	3	3	3	3

➡ □ × □ = □

□ × □ = □

07 빈칸에 알맞은 수를 써넣으시오.

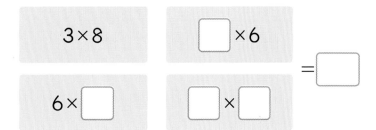

3 × 8

□ × 6

6 × □

□ × □

= □

08 오리 5마리와 돼지 4마리가 있습니다. 오리와 돼지의 다리는 모두 몇 개입니까?

09 □ 안에 알맞은 수를 구하시오.

$$□ × 3 = 27$$

10 나타내는 수가 가장 큰 것을 찾아 기호를 쓰시오.

⊙ 2씩 9묶음　　ⓒ 6의 5배　　ⓒ 8+8+8+8　　ⓔ 4×7

하루 한장 쏙셈＋붙임딱지

하루의 학습이 끝날 때마다 붙임딱지를 붙여 바닷속 물고기를 꾸며 보아요!

문장제 해결력 강화

문제
해결의
길잡이

문해길 시리즈는

문장제 해결력을 키우는 상위권 수학 학습서입니다.

문해길은 8가지 문제 해결 전략을 익히며

수학 사고력을 향상하고,

수학적 성취감을 맛보게 합니다.

이런 성취감을 맛본 아이는

수학에 자신감을 갖습니다.

수학의 자신감, 문해길로 이루세요.

문해길 원리를 공부하고, 문해길 심화에 도전해 보세요!
원리로 닦은 실력이 심화에서 빛이 납니다.

문해길 원리	문해길 심화
문장제 해결력 강화	고난도 유형 해결력 완성
1~6학년 학기별 [총12책]	1~6학년 학년별 [총6책]

미래엔 초등 도서 목록

초등 교과서 발행사 미래엔의 교재로 초등 시기에 길러야 하는 공부력을 강화해 주세요.

초등 공부의 핵심[CORE]를 탄탄하게 해 주는
슬림 & 심플한 교과 필수 학습서
[8책] 국어 3~6학년 학기별, [12책] 수학 1~6학년 학기별
[8책] 사회 3~6학년 학기별, [8책] 과학 3~6학년 학기별

초코 전과목 단원평가

빠르게 단원 핵심을 정리하고, 수준별 문제로 실전력을 키우는
교과 평가 대비 학습서
[8책] 3~6학년 학기별

문제 해결의 길잡이

원리 8가지 문제 해결 전략으로 문장제와 서술형 문제 정복
[12책] 1~6학년 학기별

심화 문장제 유형 정복으로 초등 수학 최고 수준에 도전
[6책] 1~6학년 학년별

초등 필수 어휘를 퍼즐로 재미있게 키우는 학습서
[3책] 사자성어, 속담, 맞춤법

하루한장 예비 초등

한글완성
초등학교 입학 전 한글 읽기·쓰기 동시에 끝내기
[3책] 기본 자모음, 받침, 복잡한 자모음

예비초등
기본 학습 능력을 향상하며 초등학교 입학을 준비하기
[4책] 국어, 수학, 통합교과, 학교생활

하루한장 독해

독해 시작편
초등학교 입학 전 기본 문해력 익히기 30일 완성
[2책] 문장으로 시작하기, 짧은 글 독해하기

어휘
문해력의 기초를 다지는 초등 필수 어휘 학습서
[6책] 1~6단계

독해
국어 교과서와 연계하여 문해력의 기초를 다지는 독해 기본서
[6책] 1~6단계

독해 ✛ 플러스
본격적인 독해 훈련으로 문해력을 향상시키는 독해 실전서
[6책] 1~6단계

비문학 독해 (사회편·과학편)
비문학 독해로 배경지식을 확장하고 문해력을 완성시키는
독해 심화서
[사회편 6책, 과학편 6책] 1~6단계

바른답·알찬풀이

플러스

3 권 | 초등 수학 2-1

Mirae **N** 에듀

바른답·알찬풀이로

문제를 이해하고 식을 세우는 과정을 확인하여

문제 해결력과 연산 응용력을 높여요!

1주 1일

교과서 세 자리 수

백, 몇백 알아보기 ❶

- 10이 10개이면 100입니다.
- 100은 90보다 10만큼 더 큰 수입니다.

|||||||||||| ⇨ ▨

- 100이 4개이면 400입니다.

▨ ▨ ▨ ▨

실력 확인하기

빈칸에 알맞은 수를 써넣으시오.

1 |||||||||| 100

2 |||||||||| 100

3 ▨ ▨ 200

4 ▨ ▨ ▨ 300

5 ▨ ▨ ▨ ▨ ▨ ▨ ▨ ▨ 800

9

---

1 10원짜리 동전이 8개 있습니다. 100원이 되려면 얼마가 더 있어야 합니까?

문제 이해하기 동전의 수를 그림으로 나타내 보면

동전 8개 ⇨ 100

10원 8개

➡ 100원이 되려면 10원 **2** 개가 더 있어야 합니다.

100원은 10원짜리 10개의 값과 같아.

구하기 **20** 원

2 저금통에 10원짜리 동전이 5개 있습니다. 100원을 모으려면 저금통에 얼마를 더 넣어야 합니까?

문제 이해하기 동전의 수를 그림으로 나타내 보면

10원 5개

⇨ 100

➡ 100원을 모으려면 10원 **5** 개를 더 넣어야 합니다.

구하기 **50** 원

3 사탕이 모두 100개 있습니다. 노란색 사탕이 40개일 때 보라색 사탕은 몇 개입니까?

40개

문제 이해하기 사탕의 수를 수 모형으로 나타내 보면

|||| ⇨ ▨

10개씩 4묶음

➡ 모두 100개가 되어야 하므로 보라색 사탕은 10개씩 **6** 묶음 있습니다.

구하기 **60** 개

10

---

4 수수깡이 한 통에 10개씩 들어 있습니다. 수수깡을 한 상자에 10통씩 넣는다면 3상자에 들어 있는 수수깡은 모두 몇 개입니까?

문제 이해하기 수수깡의 수를 그림으로 나타내 보면

100 개   **100** 개   **100** 개

- 한 상자에 든 수수깡 수: 10개씩 10통 ➡ **100** 개
- 3상자에 든 수수깡 수: **100** 개씩 3묶음 ➡ **300** 개

구하기 **300** 개

5 10원짜리 동전을 10개씩 쌓아 탑 모양을 만들었습니다. 탑 모양 4개를 만들려면 모두 얼마가 필요합니까?

문제 이해하기 동전의 수를 그림으로 나타내 보면

- 한 개의 탑에 쌓은 동전: 10원 10개 ➡ **100** 원
- 4개의 탑에 쌓은 동전: **100** 원씩 4묶음 ➡ **400** 원

구하기 **400** 원

6 귤을 한 상자에 100개씩 담으려고 합니다. 귤 500개를 담으려면 상자가 몇 개 필요합니까?

문제 이해하기 귤의 수를 수 모형으로 나타내 보면

500개

- 귤의 수: 100개씩 **5** 묶음
- ➡ 500개를 100개씩 담으려면 상자가 **5** 개 필요합니다.

구하기 **5** 개

11

재미있는 수학 놀이터

동전 타일 방 탈출!

친구들이 동전 타일이 깔려 있는 방에 갇혔어요! 방에서 탈출하려면 동전을 200원만큼 묶어야 한대요. 탈출할 수 있는 친구를 모두 찾아 ○표 하세요.

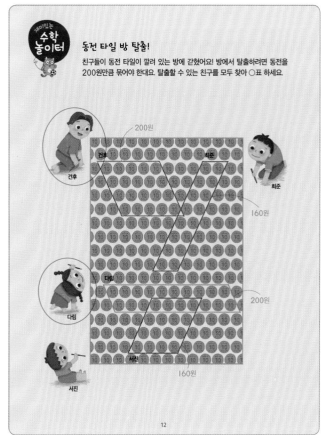

건후   200원   희준

160원

다림   200원

서진   160원

12

1주 2일

교과서 세 자리 수

백, 몇백 알아보기 ❷

공부한 날
월 일

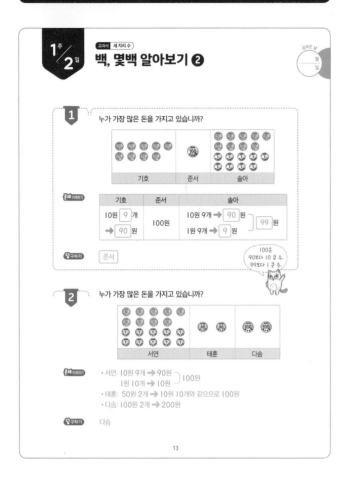

1 누가 가장 많은 돈을 가지고 있습니까?

기호	준서	솔아

문제 이해하기

기호	준서	솔아
10원 9 개	100원	10원 9개 ➡ 90 원
➡ 90 원		1원 9개 ➡ 9 원
		99 원

답구하기 준서

100은
90보다 10 큰 수,
99보다 1 큰 수.

2 누가 가장 많은 돈을 가지고 있습니까?

서연	태훈	다솜

문제 이해하기
- 서연: 10원 9개 ➡ 90원 ⎱ 100원
  1원 10개 ➡ 10원 ⎰
- 태훈: 50원 2개 ➡ 10원 10개와 같으므로 100원
- 다솜: 100원 2개 ➡ 200원

답구하기 다솜

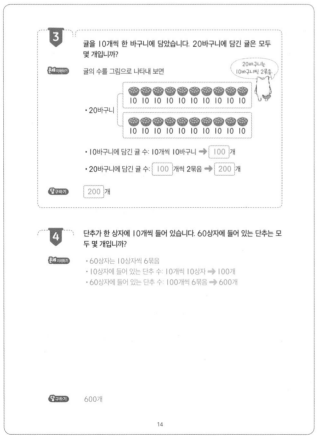

3 귤을 10개씩 한 바구니에 담았습니다. 20바구니에 담긴 귤은 모두 몇 개입니까?

문제 이해하기
귤의 수를 그림으로 나타내 보면

20바구니는
10바구니씩 2묶음.

- 20바구니

- 10바구니에 담긴 귤 수: 10개씩 10바구니 ➡ 100 개
- 20바구니에 담긴 귤 수: 100 개씩 2묶음 ➡ 200 개

답구하기 200 개

4 단추가 한 상자에 10개씩 들어 있습니다. 60상자에 들어 있는 단추는 모두 몇 개입니까?

문제 이해하기
- 60상자는 10상자씩 6묶음
- 10상자에 들어 있는 단추 수: 10개씩 10상자 ➡ 100개
- 60상자에 들어 있는 단추 수: 100개씩 6묶음 ➡ 600개

답구하기 600개

5 300원을 모두 10원짜리 동전으로 바꾸면 10원짜리 동전은 몇 개가 됩니까?

문제 이해하기
동전의 수를 그림으로 나타내 보면

- 100원 ➡ 10원짜리 동전 10 개
- 300원 ➡ 10원짜리 동전 30 개

300원은
100원짜리 3개.

답구하기 30 개

6 500원을 모두 10원짜리 동전으로 바꾸면 10원짜리 동전은 몇 개가 됩니까?

문제 이해하기
- 500원은 100원짜리 동전 5개
- 100원 ➡ 10원짜리 동전 10개
- 500원 ➡ 10원짜리 동전 50개

답구하기 50개

정답확인 오늘 나의 실력은? 부모님 확인

재미있는 **수학놀이터**

동전 비가 내려요

하늘에서 100원짜리, 50원짜리, 10원짜리 동전이 쏟아지네요. 동전 지갑에 써 있는 금액만큼 동전을 묶어 지갑 안으로 넣어 보세요. 지갑과 가까이 있는 동전부터 넣어야 해요!

300원 500원 900원

세 자리 수 알아보기

100이 2개, 10이 4개, 1이 5개이면 245입니다.

백 모형	십 모형	일 모형
100이 2개	10이 4개	1이 5개

실력 확인하기

빈칸에 알맞은 수를 써넣으시오

1 100이 5개 10이 7개 1이 4개 → 574

2 100이 9개 10이 8개 1이 1개 → 981

3 100이 4개 10이 3개 1이 1개 → 431

4 100이 1개 10이 7개 1이 6개 → 176

5 100이 3개 10이 1개 1이 0개 → 310

6 100이 8개 10이 0개 1이 9개 → 809

17

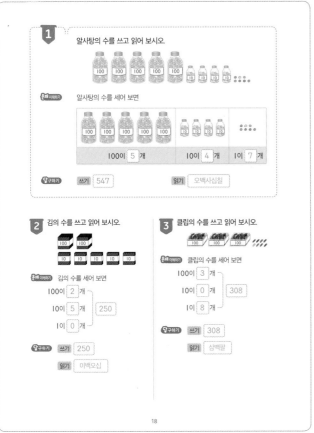

1 알사탕의 수를 쓰고 읽어 보시오.

문제 이해하기 알사탕의 수를 세어 보면

100이 5개, 10이 4개, 1이 7개

쓰기 547 읽기 오백사십칠

2 김의 수를 쓰고 읽어 보시오

문제 이해하기 김의 수를 세어 보면

100이 2개 → 250
10이 5개 → 250
1이 0개

쓰기 250 읽기 이백오십

3 클립의 수를 쓰고 읽어 보시오.

문제 이해하기 클립의 수를 세어 보면

100이 3개 → 308
10이 0개 → 308
1이 8개

쓰기 308 읽기 삼백팔

18

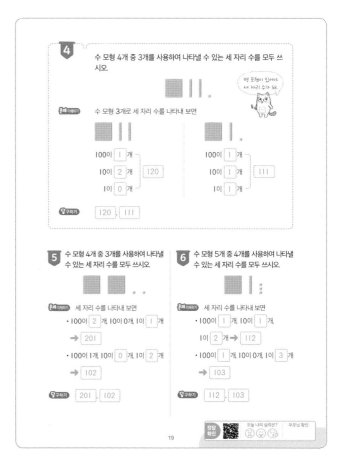

4 수 모형 4개 중 3개를 사용하여 나타낼 수 있는 세 자리 수를 모두 쓰시오.

백 모형이 있어야 세 자리 수가 돼요.

문제 이해하기 수 모형 3개로 세 자리 수를 나타내 보면

100이 1개 10이 2개 1이 0개 → 120

100이 1개 10이 1개 1이 1개 → 111

구하기 120, 111

5 수 모형 4개 중 3개를 사용하여 나타낼 수 있는 세 자리 수를 모두 쓰시오.

문제 이해하기 세 자리 수를 나타내 보면

・100이 2개 10이 0개 1이 1개 → 201

・100이 1개 10이 0개 1이 2개 → 102

구하기 201, 102

6 수 모형 5개 중 4개를 사용하여 나타낼 수 있는 세 자리 수를 모두 쓰시오.

문제 이해하기 세 자리 수를 나타내 보면

・100이 1개 10이 1개 1이 2개 → 112

・100이 1개 10이 0개 1이 3개 → 103

구하기 112, 103

19

재미있는 수학 놀이터

이상한 자판기

음료수 하나를 살 때 동전을 딱 두 개씩만 넣을 수 있는 자판기가 있어요. 혜지는 500원짜리, 100원짜리, 50원짜리, 10원짜리 동전을 여러 개씩 가지고 있어요. 혜지가 자판기에서 뽑을 수 없는 음료수에 ○표 하세요.

20

1주 4일 | 자릿값 알아보기 ❶

교과서 세 자리 수

공부한 날
월 일

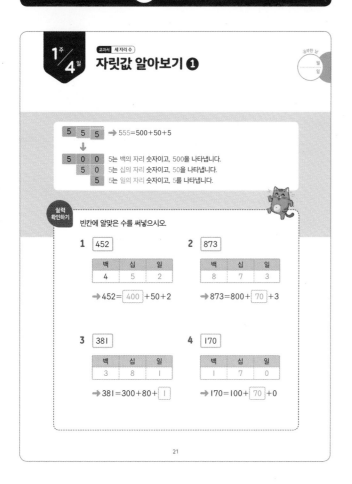

| 5 5 5 | → 555=500+50+5 |

↓

5 0 0   5는 백의 자리 숫자이고, 500을 나타냅니다.
  5 0   5는 십의 자리 숫자이고, 50을 나타냅니다.
   5   5는 일의 자리 숫자이고, 5를 나타냅니다.

실력 확인하기

빈칸에 알맞은 수를 써넣으시오.

1 452

백	십	일
4	5	2

→ 452= 400 +50+2

2 873

백	십	일
8	7	3

→ 873=800+ 70 +3

3 381

백	십	일
3	8	1

→ 381=300+80+ 1

4 170

백	십	일
1	7	0

→ 170=100+ 70 +0

21

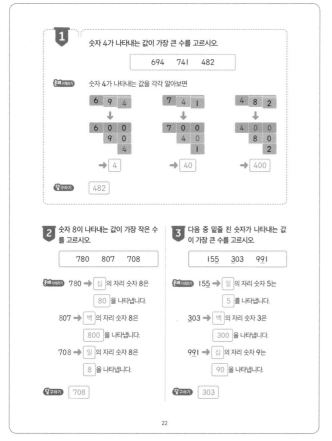

1 숫자 4가 나타내는 값이 가장 큰 수를 고르시오

| 694   741   482 |

문제 이해하기 숫자 4가 나타내는 값을 각각 알아보면

6 9 4   7 4 1   4 8 2
↓   ↓   ↓
6 0 0   7 0 0   4 0 0
  9 0   4 0   8 0
   4   1   2
→ 4   → 40   → 400

구하기 482

2 숫자 8이 나타내는 값이 가장 작은 수를 고르시오

| 780   807   708 |

문제 이해하기 780 → 십 의 자리 숫자 8은
80 을 나타냅니다.

807 → 백 의 자리 숫자 8은
800 을 나타냅니다.

708 → 일 의 자리 숫자 8은
8 을 나타냅니다.

구하기 708

3 다음 중 밑줄 친 숫자가 나타내는 값이 가장 큰 수를 고르시오.

| 155   303   991 |

문제 이해하기 155 → 일 의 자리 숫자 5는
5 를 나타냅니다.

303 → 백 의 자리 숫자 3은
300 을 나타냅니다.

991 → 십 의 자리 숫자 9는
90 을 나타냅니다.

구하기 303

22

4 274를 ■■■▲▲▲▲▲▲▲●●●●와 같이 나타냈습니다. 같은 방법으로 나타낸 다음 수는 얼마입니까?

| ■■■▲▲●●●●● |

문제 이해하기 274에서 각 모양이 얼마를 나타내는지 알아보면

100이 2개   ■가 2 개   ■ 는 100
10이 7개   ▲가 7 개 → ▲ 는 10   을 나타냅니다.
1이 4개   ●가 4 개   ● 는 1

■■■▲▲●●●●●가 나타내는 수는
100 이 3개, 10 이 2개, 1 이 5개인 수입니다.

구하기 325

5 613을 ♥♥♥♥♥♥◆★★★과 같이 나타냈습니다. 같은 방법으로 나타낸 ♥◆◆◆◆★★은 얼마입니까?

문제 이해하기 · 613은 100이 6개, 10이 1개, 1이 3개인 수이므로 ♥는 100 ,
◆는 10 , ★은 1 을 나타냅니다.
· 주어진 수는 ♥가 1 개, ◆가 4 개,
★이 2 개이므로 100이 1 개,
10이 4 개, 1이 2 개인 수입니다.

구하기 142

6 450을 보기와 같은 방법으로 나타내 보시오.

보기 236 → ##@@@!!!!!!

문제 이해하기 · 236은 100이 2개 10이 3개 1이 6개인 수이므로 #은 100 ,
@는 10 , !는 1 을 나타냅니다.
· 450은 100이 4 개, 10이 5 개인 수이므로 #는 4 개 @ 5 개로 나타냅니다.

구하기 ####@@@@@

23

재미있는 수학 놀이터

자릿값 선풍기

파란색 숫자가 나타내는 값이 선풍기에 붙어 있는 수와 같으면 종이가 날아간대요. 두 대의 선풍기를 틀었을 때 날아가지 않는 종이를 모두 찾아 ○표 하세요.

24

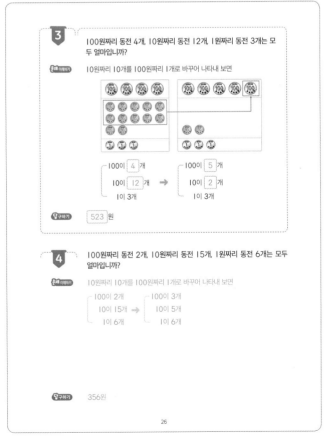

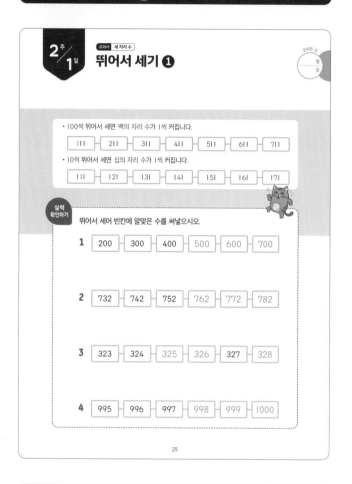

2주/1일 교과서 세 자리 수

뛰어서 세기 ❶

· 100씩 뛰어서 세면 백의 자리 수가 1씩 커집니다.

111 — 211 — 311 — 411 — 511 — 611 — 711

· 10씩 뛰어서 세면 십의 자리 수가 1씩 커집니다.

111 — 121 — 131 — 141 — 151 — 161 — 171

실력 확인하기

뛰어서 세어 빈칸에 알맞은 수를 써넣으시오.

1 200 — 300 — 400 — 500 — 600 — 700

2 732 — 742 — 752 — 762 — 772 — 782

3 323 — 324 — 325 — 326 — 327 — 328

4 995 — 996 — 997 — 998 — 999 — 1000

29

1 은하는 270원을 가지고 있습니다. 용돈으로 100원짜리 동전 4개를 더 받는다면 모두 얼마가 됩니까?

문제 이해하기 100원짜리 동전을 4개 더 받았으므로 270부터 100씩 4번 뛰어서 세면

270 — 370 — 470 — 570 — 670

100씩 뛰어서 세면 백의 자리 수가 1씩 커져.

답구하기 670 원

2 규진이는 오늘까지 책을 149쪽 읽었습니다. 5일 후에는 모두 몇 쪽까지 읽게 됩니까?

내일부터 하루에 10쪽씩 읽을 거야.
규진

문제 이해하기 10쪽씩 5일 더 읽었으므로 149부터 10씩 5번 뛰어서 세면

149 — 159 — 169 — 179 — 189 — 199

답구하기 199 쪽

3 세희는 오늘까지 붙임딱지를 206장 모았습니다. 4일 후에 붙임딱지는 모두 몇 장이 됩니까?

내일부터 하루에 1장씩 모아야지.
세희

문제 이해하기 1장씩 4일 더 모았으므로 206부터 1씩 4번 뛰어서 세면

206 — 207 — 208 — 209 — 210

답구하기 210 장

30

4 ■에 알맞은 수를 구하시오.

370 380 390 · · · · · ■

문제 이해하기 370—380—390으로 십의 자리 수가 1씩 커지므로 수직선에서 눈금 한 칸의 크기는 10 입니다.

➡ ■는 390부터 10씩 4번 뛰어서 센 수

370 380 390 400 410 420 430

답구하기 430

5 ㉠에 알맞은 수를 구하시오.

235 335 435 · · · ㉠

문제 이해하기 235—335—435로 백의 자리 수가 1씩 커지므로 수직선에서 눈금 한 칸의 크기는 100 입니다.

➡ ㉠은 435부터 100씩 2번 뛰어서 센 수

235 335 435 535 635

답구하기 635

6 ★에 알맞은 수를 구하시오.

562 572 582 · · · ★

문제 이해하기 562—572—582로 십의 자리 수가 1씩 커지므로 수직선에서 눈금 한 칸의 크기는 10 입니다.

➡ ★은 582부터 10씩 3번 뛰어서 센 수

562 572 582 592 602 612

답구하기 612

31

재미있는 수학 놀이터

소포 배달하기

집배원 아저씨가 시안이네 집에 소포를 배달하러 오셨어요. 하지만 시안이네 아파트에는 대부분 동과 호수가 써 있지 않네요. 주소를 보고 동·호수를 뛰어서 세어 시안이네 집을 찾아 ○표 하세요.

받는 사람 오시안
해든 아파트
305동 1104호

32

2주 2일 · 교과서 세 자리 수
뛰어서 세기 ❷

공부한 날
월 일

1 경준이가 종이학을 1000개 접으려고 합니다. 하루에 200개씩 접는다면 1000개를 접는 데 며칠이 걸립니까?

문제 이해하기
종이학을 하루에 200개씩 접으므로
□1000□ 이 될 때까지 0부터 □200□ 뛰어서 세면

| 0 |–| 200 |–| 400 |–| 600 |–| 800 |–| 1000 |

➡ □5□ 번 뛰어서 세었으므로 1000개를 접는 데 □5□ 일이 걸립니다.

200씩 뛰어서 세면 백의 자리 수가 2씩 커져.

구하기 □5□ 일

2 민서가 530원을 가지고 있습니다. 내일부터 하루에 20원씩 더 모은다면 민서가 가진 돈이 610원이 되는 데 며칠이 더 걸립니까?

문제 이해하기
돈을 하루에 20원씩 더 모으므로
610이 될 때까지 530부터 20씩 뛰어서 세면

| 530 |–| 550 |–| 570 |–| 590 |–| 610 |

➡ 4번 뛰어서 세었으므로 610원이 되는 데 4일이 더 걸립니다.

구하기 4일

33

3 어떤 수 ■보다 10 큰 수는 777입니다. 어떤 수 ■보다 100 큰 수는 얼마입니까?

문제 이해하기

| ■ |→ 10 큰 수 →| 777 |
10 작은 수

10 작은 수는 십의 자리 수가 1 작아.

어떤 수 ■보다 10 큰 수가 777이므로
■는 777보다 10 작은 수인 □767□ 입니다.

➡ 어떤 수 ■보다 100 큰 수는 □867□ 입니다.

구하기 □867□

4 어떤 수 ▲보다 100 작은 수는 851입니다. 어떤 수 ▲보다 10 작은 수는 얼마입니까?

문제 이해하기

| 851 |← 100 큰 수 ←| ▲ |
100 작은 수

어떤 수 ▲보다 100 작은 수가 851이므로 ▲는 851보다 100 큰 수인 951입니다.
➡ 어떤 수 ▲보다 10 작은 수는 941입니다.

구하기 941

34

5 ◆에 알맞은 수를 구하시오.

| ◆ | | | | 800 | 810 | 820 |

수직선에서 원점으로 갈수록 수가 작아져.

문제 이해하기
800-810-820으로 □십□ 의 자리 수가 1씩 커지므로
수직선에서 눈금 한 칸의 크기는 □10□ 입니다.

➡ ◆는 800부터 □10□ 씩 □4□ 번 거꾸로 뛰어서 센 수

| 760 | 770 | 780 | 790 | 800 | 810 | 820 |

구하기 □760□

6 ⊙에 알맞은 수를 구하시오.

| ⊙ | | | 350 | 450 | 550 |

문제 이해하기
350-450-550으로 백의 자리 수가 1씩 커지므로 수직선에서 눈금 한 칸의 크기는 100입니다.
➡ ⊙은 350부터 100씩 3번 거꾸로 뛰어서 센 수

| 50 | 150 | 250 | 350 | 450 | 550 |

구하기 50

35

재미있는 수학 놀이터

이번 주 용돈은 얼마일까요?

다연이는 월요일에서 토요일까지 집안일을 돕고 매주 일요일에 용돈을 받아요. 이번 주 다연이의 용돈은 얼마일까요? 빈칸에 알맞게 써 보세요.

심부름 900원
설거지 400원
방 청소 600원
화분에 물 주기 50원
분리배출 200원

설거지 한 번, 분리배출 두 번, 화분에 물 주기 두 번 했어요!

이번 주 다연이의 용돈은 □900□ 원입니다.

36

7

2주/3일 · 교과서 세 자리 수

수의 크기 비교하기 ❶

공부한 날
월 일

두 수의 크기를 비교할 때는 백, 십, 일의 자리 수를 차례로 비교합니다.

| 3 | 6 | 7 |

| 3 | 5 | 9 |

⬇

⬇

백	3 0 0	=	3 0 0
십	6 0	>	5 0
일	7		9

➡ 367 > 359

실력 확인하기 두 수의 크기를 비교하여 ○ 안에 > 또는 <를 알맞게 써넣으시오.

1 651 ⟩ 389

2 593 ⟩ 393

3 272 ⟨ 282

4 429 ⟨ 472

5 778 ⟩ 768

6 195 ⟨ 198

7 852 ⟨ 854

8 345 ⟨ 347

---

1 희서네 집에는 책이 429권 있고, 초하네 집에는 책이 426권 있습니다. 둘 중 누구네 집에 책이 더 많습니까?

문제 이해하기 백 의 자리 수와 십 의 자리 수가 같으므로 일 의 자리 수를 비교하면

| 4 | 2 | 9 |

| 4 | 2 | 6 |

⬇

⬇

백	4 0 0	=	4 0 0
십	2 0	=	2 0
일	9	>	6

높은 자리 수부터 차례로 비교해 봐.

➡ 429 ⟩ 426

구하기 희서 네 집

2 선하는 운동을 183일 동안 했고, 태규는 190일 동안 했습니다. 둘 중 운동을 더 오래 한 사람은 누구입니까?

문제 이해하기 백의 자리 수가 같으므로 십 의 자리 수를 비교하면

| 1 | 8 | 3 |

| 1 | 9 | 0 |

⬇

⬇

1 0 0	=	1 0 0
8 0	<	9 0
3		0

➡ 183 ⟨ 190

구하기 태규

3 학교와 병원 중 은우네 집에서 더 가까운 곳은 어디입니까?

은우네 집 · 학교 361걸음 · 병원 345걸음

문제 이해하기
· 걸음 수 적을수록 더 (멉니다 , 가깝습니다).
· 백의 자리 수가 같으므로 십 의 자리 수를 비교하면

➡ 361 ⟩ 345

구하기 병원

---

4 다음 중 가격이 가장 비싼 우표는 얼마입니까?

420원 330원 450원

문제 이해하기

	백	십	일
🤡	4	2	0
🗼	3	3	0
🏛	4	5	0

· 세 수의 백 의 자리 수를 비교하면
4 ⟩ 3이므로 가장 작은 수는 330

· 백의 자리 수가 같은 두 수의 십 의 자리 수를 비교하면
➡ 420 ⟨ 450

가격을 나타내는 수가 클수록 더 비싸.

구하기 450 원

5 파란색 구슬 270개, 초록색 구슬 263개, 흰색 구슬 206개가 있습니다. 가장 많은 구슬은 무엇입니까?

문제 이해하기 세 수의 백의 자리 수가 같으므로 십 의 자리 수를 비교하면

	백	십	일
파란색	2	7	0
초록색	2	6	3
흰색	2	0	6

➡ 270 ⟩ 263 ⟩ 206

구하기 파란색 구슬

6 은행에서 세 친구가 번호표를 뽑았습니다. 순서가 가장 빠른 번호를 쓰시오.

902 839 828

문제 이해하기 · 세 수의 백 의 자리 수를 비교하면
8 ⟨ 9이므로 가장 큰 수는 902

· 백의 자리 수가 같은 두 수의 십의 자리 수를 비교하면 ➡ 839 ⟩ 828

구하기 828

재미있는 수학 놀이터

걸음 수 수직선

어린이 마라톤 선수 러니가 동네를 달려요. 러니의 집에서 각 장소까지 가려면 몇 걸음을 걸어야 하는지 적혀 있네요. 러니의 걸음 수를 수직선 위에 선으로 나타내 보고, 러니의 집에서 가장 먼 곳에 ○표 하세요.

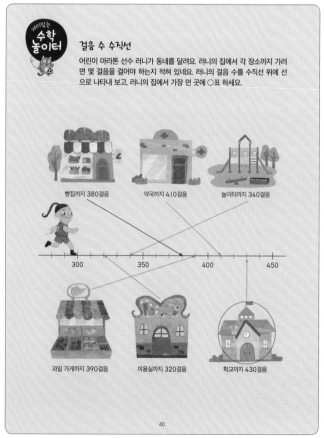

빵집까지 380걸음   약국까지 410걸음   놀이터까지 340걸음

300 ─ 350 ─ 400 ─ 450

과일 가게까지 390걸음   미용실까지 320걸음   학교까지 430걸음

8

2주
4일

교과서 세 자리 수

수의 크기 비교하기 ②

1
수 카드 3장을 한 번씩만 사용하여 만들 수 있는 가장 큰 세 자리 수를 구하시오.

```
2   6   3
```

같은 수도 높은 자리에 있을수록 나타내는 값이 커.

문제 이해하기
수 카드의 수의 크기를 비교해 보면 $6 > 3 > 2$

→ 큰 수부터 백, 십, 일의 자리에 차례로 놓으면

백	십	일
6	3	2

구하기 **632**

2
수 카드 3장을 한 번씩만 사용하여 만들 수 있는 가장 작은 세 자리 수를 구하시오.

```
8   5   4
```

문제 이해하기
수 카드의 수의 크기를 비교해 보면 $4 < 5 < 8$

→ 작은 수부터 백, 십, 일의 자리에 차례로 놓으면

백	십	일
4	5	8

구하기 **458**

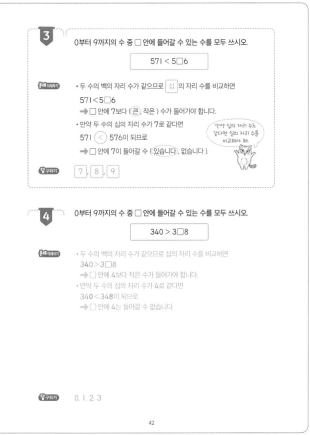

3
0부터 9까지의 수 중 ☐ 안에 들어갈 수 있는 수를 모두 쓰시오.

```
571 < 5☐6
```

문제 이해하기
• 두 수의 백의 자리 수가 같으므로 십 의 자리 수를 비교하면

$571 < 5☐6$

→ ☐ 안에 7보다 (큰 , 작은) 수가 들어가야 합니다.

• 만약 두 수의 십의 자리 수가 7로 같다면

$571 < 576$이 되므로

→ ☐ 안에 7이 들어갈 수 (있습니다 , 없습니다).

만약 십의 자리 수도 같다면 일의 자리 수를 비교해야 해.

구하기 **7 , 8 , 9**

4
0부터 9까지의 수 중 ☐ 안에 들어갈 수 있는 수를 모두 쓰시오.

```
340 > 3☐8
```

문제 이해하기
• 두 수의 백의 자리 수가 같으므로 십의 자리 수를 비교하면

$340 > 3☐8$

→ ☐ 안에 4보다 작은 수가 들어가야 합니다.

• 만약 두 수의 십의 자리 수가 4로 같다면

$340 < 348$이 되므로

→ ☐ 안에 4는 들어갈 수 없습니다.

구하기 **0, 1, 2, 3**

5
다음에서 설명하는 세 자리 수를 구하시오.

• 500보다 크고 595보다 작습니다.
• 십의 자리 숫자는 20을 나타냅니다.
• 십의 자리 숫자와 일의 자리 숫자가 같습니다.

문제 이해하기
• 500보다 크고 595보다 작으므로 백의 자리 숫자는 5

→ 5 ☐ ☐

• 십의 자리 숫자는 20을 나타내므로 십의 자리 숫자는 2

→ 5 2 ☐

• 십의 자리 숫자와 일의 자리 숫자가 같으므로 일의 자리 숫자는 2

→ 5 2 2

구하기 **522**

6
다음에서 설명하는 세 자리 수를 모두 구하시오.

• 728보다 크고 800보다 작습니다.
• 백의 자리 숫자와 십의 자리 숫자가 같습니다.
• 일의 자리 숫자는 7보다 큽니다.

문제 이해하기
• 728보다 크고 800보다 작으므로 백의 자리 숫자는 7 → 7☐☐

• 백의 자리 숫자와 십의 자리 숫자가 같으므로 십의 자리 숫자는 7 → 77☐

• 일의 자리 숫자가 7보다 크므로 일의 자리에 들어갈 수 있는 숫자는 8, 9

→ 778, 779

구하기 **778, 779**

재미있는
수학놀이터

악보에 숨은 암호

지난밤, 하람이의 방에 외계인이 찾아와 악보에 세 자리 수를 써 놓고 갔어요. 그런데 악보가 바람에 날려 모두 흩어져 버렸네요. 작은 수가 써 있는 악보부터 노래 제목의 첫 글자를 차례로 쓰면 외계인의 암호를 풀 수 있어요.

$487 < 847 < 874 < 894 < 948$

모	두	꿈	이	야

9

2주/5일 단원 마무리

01

문제 이해하기

수연이는 색종이를 10장씩 7묶음 가지고 있습니다. 색종이가 100장이 되려면 몇 장을 더 모아야 합니까?

· 100은 10이 10개인 수입니다.

· 색종이의 수를 수 모형으로 나타내 보면

10장씩 7묶음

➡ 100장이 되려면 10장씩 3묶음을 더 모아야 합니다.

답 구하기 30장

02

문제 이해하기

과수원에서 진영이는 귤을 239개 땄고, 소희는 251개 땄습니다. 귤을 더 많이 딴 사람은 누구입니까?

백의 자리 수가 같으므로 십의 자리 수를 비교해 보면

	백	십	일
진영	2	3	9
소희	2	5	1

➡ 239 < 251

답 구하기 소희

45

단원 마무리

03

문제 이해하기

다음 중 숫자 9가 나타내는 값이 가장 큰 수를 고르시오.

| 739 | 912 | 496 |

숫자 9가 나타내는 값을 각각 알아보면

739 ➡ 일의 자리 숫자 9는 9를 나타냅니다.

912 ➡ 백의 자리 숫자 9는 900을 나타냅니다.

496 ➡ 십의 자리 숫자 9는 90을 나타냅니다.

답 구하기 912

04

문제 이해하기

쿠키가 한 통에 10개씩 들어 있습니다. 30통에 들어 있는 쿠키를 모두 꺼내서 한 상자에 100개씩 담으려면 상자는 몇 개 필요합니까?

· 30통은 10통씩 3묶음

· 10통에 들어 있는 쿠키 수: 10개씩 10묶음은 100개

· 30통에 들어 있는 쿠키 수: 100개씩 3묶음은 300개

· 300개는 100개씩 3묶음

➡ 300개를 100개씩 담으려면 상자가 3개 필요합니다.

답 구하기 3개

05

문제 이해하기

동전 5개 중 3개를 사용하여 나타낼 수 있는 세 자리 수를 모두 쓰시오.

동전 3개로 세 자리 수를 나타내 보면

100이 1개
10이 2개 ➡ 120
1이 0개

100이 1개
10이 1개 ➡ 111
1이 1개

100이 1개
10이 0개 ➡ 102
1이 2개

답 구하기 120, 111, 102

46

06

문제 이해하기

100원짜리 동전 5개, 10원짜리 동전 16개, 1원짜리 동전 20개는 모두 얼마입니까?

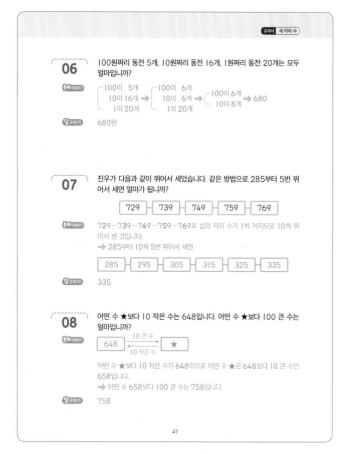

100이 5개
10이 16개 ➡
1이 20개

100이 6개
10이 6개 ➡
1이 20개

100이 6개
10이 8개 ➡ 680

답 구하기 680원

07

문제 이해하기

진우가 다음과 같이 뛰어서 세었습니다. 같은 방법으로 285부터 5번 뛰어서 세면 얼마가 됩니까?

| 729 | 739 | 749 | 759 | 769 |

729-739-749-759-769로 십의 자리 수가 1씩 커지므로 10씩 뛰어서 센 것입니다.

➡ 285부터 10씩 5번 뛰어서 세면

| 285 | 295 | 305 | 315 | 325 | 335 |

답 구하기 335

08

문제 이해하기

어떤 수 ★보다 10 작은 수는 648입니다. 어떤 수 ★보다 100 큰 수는 얼마입니까?

| 648 | 10 큰 수 / 10 작은 수 | ★ |

어떤 수 ★보다 10 작은 수가 648이므로 어떤 수 ★은 648보다 10 큰 수인 658입니다.

➡ 어떤 수 658보다 100 큰 수는 758입니다.

답 구하기 758

47

단원 마무리

09

문제 이해하기

수 카드 3장을 한 번씩만 사용하여 만들 수 있는 가장 작은 세 자리 수를 구하시오.

| 8 | 0 | 3 |

· 수 카드의 수의 크기를 비교해 보면 0 < 3 < 8

· 작은 수부터 백, 십, 일의 자리에 차례로 놓아야 하는데 백의 자리에 가장 작은 수 0을 놓으면 세 자리 수를 만들 수 없으므로 그다음으로 작은 수 3을 백의 자리에 놓습니다.

백	십	일
3	0	8

답 구하기 308

10

문제 이해하기

0부터 9까지의 수 중 □ 안에 들어갈 수 있는 수를 모두 구하시오.

| 8□1 < 839 |

두 수의 백의 자리 수가 같으므로 십의 자리 수를 비교하면

8□1 < 839

➡ □ 안에 3보다 작은 수가 들어가야 합니다.

만약 두 수의 십의 자리 수가 3으로 같다면 831 < 839가 되므로

➡ □ 안에 3도 들어갈 수 있습니다.

답 구하기 0, 1, 2, 3

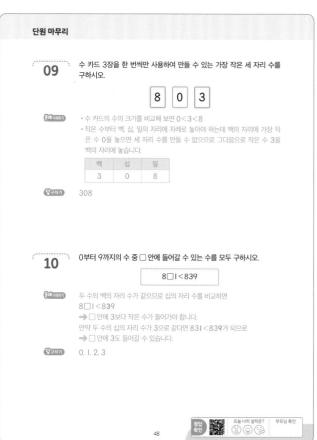

정답 확인

오늘 나의 실력은?

부모님 확인

48

③주/1일 교과서 덧셈과 뺄셈

여러 가지 방법으로 덧셈하기

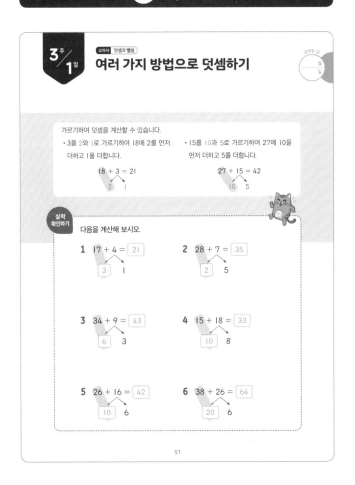

가르기하여 덧셈을 계산할 수 있습니다.

• 3을 2와 1로 가르기하여 18에 2를 먼저 더하고 1을 더합니다.

18 + 3 = 21
   2 1

• 15를 10과 5로 가르기하여 27에 10을 먼저 더하고 5를 더합니다.

27 + 15 = 42
     10 5

실력 확인하기

다음을 계산해 보시오.

1 17 + 4 = 21
          3 1

2 28 + 7 = 35
          2 5

3 34 + 9 = 43
          6 3

4 15 + 18 = 33
            10 8

5 26 + 16 = 42
            10 6

6 38 + 26 = 64
            20 6

51

---

1 27+6을 이어 세기로 구해 보시오.

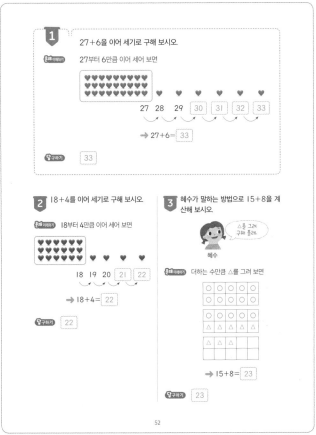

문제 이해하기 27부터 6만큼 이어 세어 보면

27 28 29 30 31 32 33

➡ 27+6 = 33

답구하기 33

2 18+4를 이어 세기로 구해 보시오.

문제 이해하기 18부터 4만큼 이어 세어 보면

18 19 20 21 22

➡ 18+4 = 22

답구하기 22

3 혜수가 말하는 방법으로 15+8을 계산해 보시오.

혜수 △를 그려 구해 풀려.

문제 이해하기 더하는 수만큼 △를 그려 보면

➡ 15+8 = 23

답구하기 23

52

---

4 28+13을 계산하려고 합니다. 28을 가까운 몇십으로 바꾸어 28+13을 구해 보시오.

문제 이해하기 13에서 2를 옮겨 28을 30 으로 만들 수 있습니다.

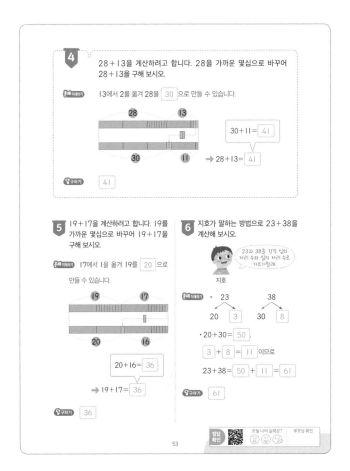

28   13
30   11

30+11 = 41

➡ 28+13 = 41

답구하기 41

5 19+17을 계산하려고 합니다. 19를 가까운 몇십으로 바꾸어 19+17을 구해 보시오.

문제 이해하기 17에서 1을 옮겨 19를 20 으로 만들 수 있습니다.

19   17
20   16

20+16 = 36

➡ 19+17 = 36

답구하기 36

6 지호가 말하는 방법으로 23+38을 계산해 보시오.

지호 23과 38을 각각 십의 자리 수와 일의 자리 수로 가르기할래.

문제 이해하기

• 23   38
  20 3   30 8

• 20+30 = 50

3 + 8 = 11 이므로

23+38 = 50 + 11 = 61

답구하기 61

정답 확인 오늘 나의 실력은? 부모님 확인

53

기울어지면 안 돼요!

두더지들이 땅에서 돌을 골라내고 있어요. 저울의 양쪽이 평형을 이루도록 빈 곳에 알맞은 무게의 돌을 찾아서 선으로 이어 올려 주세요.

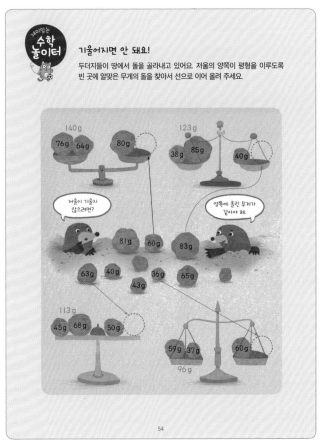

54

11

3주 2일 교과서 덧셈과 뺄셈

받아올림이 있는 (두 자리 수)+(한 자리 수) ❶

16+5는 어떻게 계산할까요?

- 일의 자리 수의 합이 10이거나 10이 넘으면 십의 자리로 받아올림합니다.
- 받아올림한 수는 십의 자리 수와 더합니다.

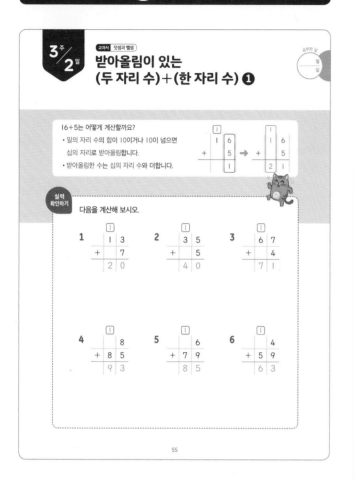

실력 확인하기 다음을 계산해 보시오.

1
```
  1
  1 3
+   7
  2 0
```

2
```
  1
  3 5
+   5
  4 0
```

3
```
  1
  6 7
+   4
  7 1
```

4
```
  1
    8
+ 8 5
  9 3
```

5
```
  1
    6
+ 7 9
  8 5
```

6
```
  1
    4
+ 5 9
  6 3
```

55

---

1 운동장에 축구공 15개, 야구공 8개가 있습니다. 운동장에 있는 축구공과 야구공은 모두 몇 개입니까?

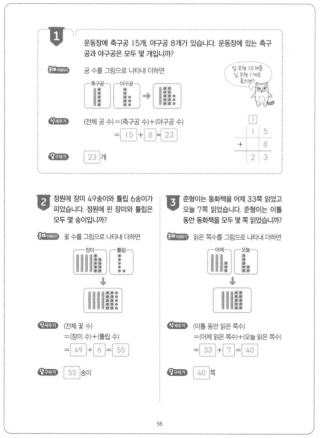

문제 이해하기 공 수를 그림으로 나타내 더하면

식세우기 (전체 공 수)=(축구공 수)+(야구공 수)
= 15 + 8 = 23

답구하기 23 개

2 정원에 장미 49송이와 튤립 6송이가 피었습니다. 정원에 핀 장미와 튤립은 모두 몇 송이입니까?

문제 이해하기 꽃 수를 그림으로 나타내 더하면

식세우기 (전체 꽃 수)
=(장미 수)+(튤립 수)
= 49 + 6 = 55

답구하기 55 송이

3 준형이는 동화책을 어제 33쪽 읽었고 오늘 7쪽 읽었습니다. 준형이는 이틀 동안 동화책을 모두 몇 쪽 읽었습니까?

문제 이해하기 읽은 쪽수를 그림으로 나타내 더하면

식세우기 (이틀 동안 읽은 쪽수)
=(어제 읽은 쪽수)+(오늘 읽은 쪽수)
= 33 + 7 = 40

답구하기 40 쪽

56

---

4 진우는 구슬을 12개 가지고 있습니다. 구슬을 9개 더 모으면 모두 몇 개가 됩니까?

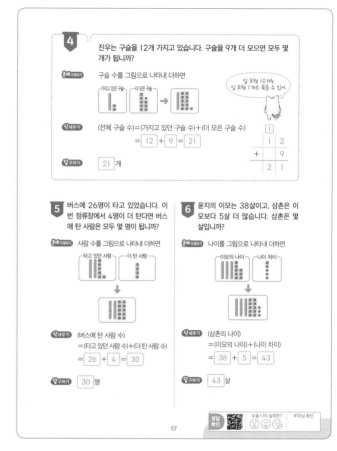

문제 이해하기 구슬 수를 그림으로 나타내 더하면

십 모형 10개는 십 모형 1개로 묶을 수 있어.

식세우기 (전체 구슬 수)=(가지고 있던 구슬 수)+(더 모은 구슬 수)
= 12 + 9 = 21

답구하기 21 개

5 버스에 26명이 타고 있었습니다. 이번 정류장에서 4명이 더 탄다면 버스에 탄 사람은 모두 몇 명이 됩니까?

문제 이해하기 사람 수를 그림으로 나타내 더하면

식세우기 (버스에 탄 사람 수)
=(타고 있던 사람 수)+(더 탄 사람 수)
= 26 + 4 = 30

답구하기 30 명

6 윤지의 이모는 38살이고, 삼촌은 이모보다 5살 더 많습니다. 삼촌은 몇 살입니까?

문제 이해하기 나이를 그림으로 나타내 더하면

식세우기 (삼촌의 나이)
=(이모의 나이)+(나이 차이)
= 38 + 5 = 43

답구하기 43 살

57

재미있는 수학 놀이터

성냥개비 덧셈식

성냥팔이 소녀가 덧셈식이 써 있는 성냥개비 집 앞에 도착했어요. 덧셈식을 바르게 고치면 집 안에 들어가 추위를 피할 수 있답니다. 하나의 식에 성냥개비를 하나씩 더 그려서 올바른 식을 만들어 주세요.

성냥개비 하나를 더 놓아 볼까?

83+8=91

48+2=50

58

---

③주 3일

교과서 덧셈과 뺄셈

받아올림이 있는
(두 자리 수)＋(한 자리 수) ❷

1 두 수씩 골라 합이 50이 되는 식을 세 가지 만들어 보시오.

| 41 | 5 | 7 | 45 | 9 | 43 |

문제 이해하기 두 수의 합이 50이 되어야 하므로
일의 자리 수의 합이 10 이 되는 두 수를 찾아 더해 보면

```
  1          1          1
  4 1        4 5        4 3
+   9      +   5      +   7
  5 0        5 0        5 0
```

구하기 41 + 9 =50, 45 + 5 =50, 43 + 7 =50

2 두 수씩 골라 합이 70이 되는 식을 세 가지 만들어 보시오.

| 62 | 3 | 67 | 64 | 8 | 6 |

문제 이해하기 두 수의 합이 70이 되어야 하므로
일의 자리 수의 합이 10이 되는 수를 찾아 더해 보면

```
  1          1          1
  6 2        6 7        6 4
+   8      +   3      +   6
  7 0        7 0        7 0
```

구하기 예 62＋8＝70, 67＋3＝70, 64＋6＝70

59

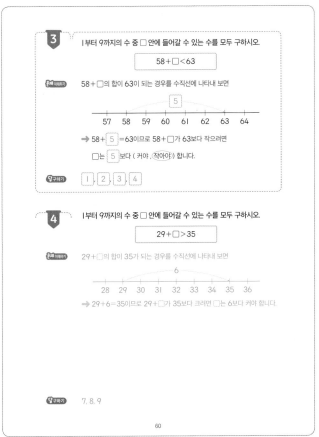

3 1부터 9까지의 수 중 □ 안에 들어갈 수 있는 수를 모두 구하시오.

58＋□＜63

문제 이해하기 58＋□의 합이 63이 되는 경우를 수직선에 나타내 보면

```
              5
  57  58  59  60  61  62  63  64
```

➡ 58＋ 5 ＝63이므로 58＋□가 63보다 작으려면
□는 5 보다 (커야 , 작아야) 합니다.

구하기 1 , 2 , 3 , 4

4 1부터 9까지의 수 중 □ 안에 들어갈 수 있는 수를 모두 구하시오.

29＋□＞35

문제 이해하기 29＋□의 합이 35가 되는 경우를 수직선에 나타내 보면

```
              6
  28  29  30  31  32  33  34  35  36
```

➡ 29＋6＝35이므로 29＋□가 35보다 크려면 □는 6보다 커야 합니다.

구하기 7, 8, 9

60

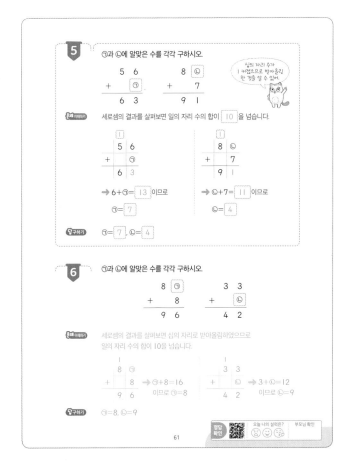

5 ㄱ과 ㄴ에 알맞은 수를 각각 구하시오.

```
  5 6        8 ㄴ
+   ㄱ      +   7
  6 3        9 1
```

십의 자리 수가 1 커졌으므로 받아올림 한 것을 알 수 있어.

문제 이해하기 세로셈의 결과를 살펴보면 일의 자리 수의 합이 10 을 넘습니다.

```
  1          1
  5 6        8 ㄴ
+   ㄱ      +   7
  6 3        9 1
```

➡ 6＋ㄱ＝ 13 이므로   ➡ ㄴ＋7＝ 11 이므로
   ㄱ＝ 7   ㄴ＝ 4

구하기 ㄱ＝ 7 , ㄴ＝ 4

6 ㄱ과 ㄴ에 알맞은 수를 각각 구하시오.

```
  8 ㄱ        3 3
+   8       +   ㄴ
  9 6        4 2
```

문제 이해하기 세로셈의 결과를 살펴보면 십의 자리로 받아올림하였으므로
일의 자리 수의 합이 10을 넘습니다.

```
  1                        1
  8 ㄱ  ➡ ㄱ＋8＝16       3 3  ➡ 3＋ㄴ＝12
+   8     이므로 ㄱ＝8    +   ㄴ    이므로 ㄴ＝9
  9 6                      4 2
```

구하기 ㄱ＝8, ㄴ＝9

61

재미있는 **수학 놀이터**

과일을 가장 많이 딴 사람은?

세 친구가 농장에서 복숭아와 수박을 땄어요. 친구들은 자기가 딴 복숭아와 수박을 각자의 수레에 담아 두고 잠깐 쉬러 갔어요. 지금까지 과일을 가장 많이 딴 친구에 ○표 하세요.

28＋4=32   난 빨간색 수레에 담았어.   난 노란색 수레.   난 파란색 수레.

27＋3=30

29＋5=34

27   3

29   5

28   4

62

13

3주 4일

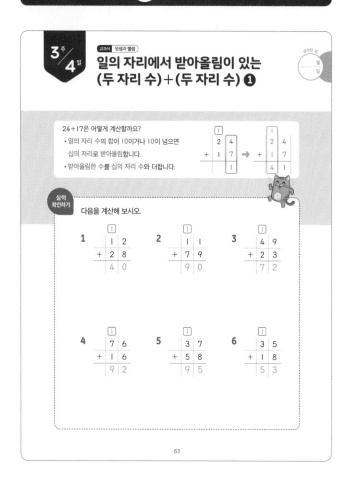

교과서 덧셈과 뺄셈

일의 자리에서 받아올림이 있는
(두 자리 수)+(두 자리 수) ❶

24+17은 어떻게 계산할까요?
- 일의 자리 수의 합이 10이거나 10이 넘으면 십의 자리로 받아올림합니다.
- 받아올림한 수를 십의 자리 수와 더합니다.

실력 확인하기

다음을 계산해 보시오.

1
```
  1 2
+ 2 8
-----
  4 0
```

2
```
  1 1
+ 7 9
-----
  9 0
```

3
```
  4 9
+ 2 3
-----
  7 2
```

4
```
  7 6
+ 1 6
-----
  9 2
```

5
```
  3 7
+ 5 8
-----
  9 5
```

6
```
  3 5
+ 1 8
-----
  5 3
```

63

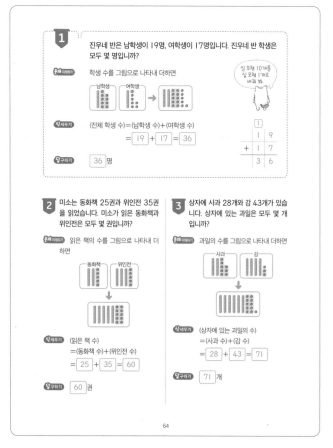

1 진우네 반은 남학생이 19명, 여학생이 17명입니다. 진우네 반 학생은 모두 몇 명입니까?

문제 이해하기 학생 수를 그림으로 나타내 더하면

식 세우기 (전체 학생 수)=(남학생 수)+(여학생 수)
= 19 + 17 = 36

답 구하기 36 명

2 미소는 동화책 25권과 위인전 35권을 읽었습니다. 미소가 읽은 동화책과 위인전은 모두 몇 권입니까?

문제 이해하기 읽은 책의 수를 그림으로 나타내 더하면

식 세우기 (읽은 책 수)
=(동화책 수)+(위인전 수)
= 25 + 35 = 60

답 구하기 60 권

3 상자에 사과 28개와 감 43개가 있습니다. 상자에 있는 과일은 모두 몇 개입니까?

문제 이해하기 과일의 수를 그림으로 나타내 더하면

식 세우기 (상자에 있는 과일의 수)
=(사과 수)+(감 수)
= 28 + 43 = 71

답 구하기 71 개

64

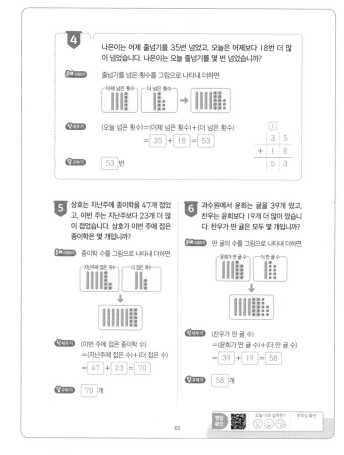

4 나은이는 어제 줄넘기를 35번 넘었고, 오늘은 어제보다 18번 더 많이 넘었습니다. 나은이는 오늘 줄넘기를 몇 번 넘었습니까?

문제 이해하기 줄넘기를 넘은 횟수를 그림으로 나타내 더하면

식 세우기 (오늘 넘은 횟수)=(어제 넘은 횟수)+(더 넘은 횟수)
= 35 + 18 = 53
```
  3 5
+ 1 8
-----
  5 3
```

답 구하기 53 번

5 상호는 지난주에 종이학을 47개 접었고, 이번 주는 지난주보다 23개 더 많이 접었습니다. 상호가 이번 주에 접은 종이학은 몇 개입니까?

문제 이해하기 종이학 수를 그림으로 나타내 더하면

식 세우기 (이번 주에 접은 종이학 수)
=(지난주에 접은 수)+(더 접은 수)
= 47 + 23 = 70

답 구하기 70 개

6 과수원에서 윤희는 귤을 39개 땄고, 찬우는 윤희보다 19개 더 많이 땄습니다. 찬우가 딴 귤은 모두 몇 개입니까?

문제 이해하기 딴 귤의 수를 그림으로 나타내 더하면

식 세우기 (찬우가 딴 귤 수)
=(윤희가 딴 귤 수)+(더 딴 귤 수)
= 39 + 19 = 58

답 구하기 58 개

65

수학 놀이터

어떤 모양이 들어갈까?

두 친구가 테트리스 게임을 하고 있어요. 빈칸을 채울 수 있는 두 조각에 적힌 수의 합이 바로 점수가 돼요. 두 사람의 점수를 각각 구해 볼까요?

점수 53

점수 86

19+34=53

57+29=86

내가 먼저 채울 거야.

질 수 없지!

66

3주 **5**일

교과서 덧셈과 뺄셈

일의 자리에서 받아올림이 있는 (두 자리 수)+(두 자리 수) ❷

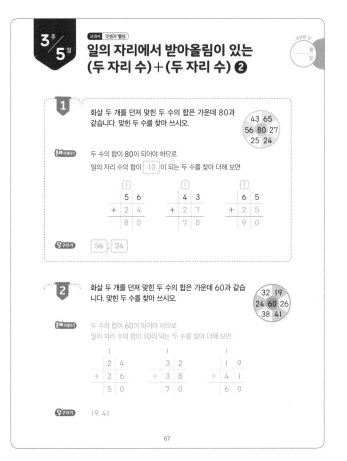

1 화살 두 개를 던져 맞힌 두 수의 합은 가운데 80과 같습니다. 맞힌 두 수를 찾아 쓰시오.

43 65
56 80 27
25 24

문제 이해하기 두 수의 합이 80이 되어야 하므로
일의 자리 수의 합이 ⑩ 이 되는 두 수를 찾아 더해 보면

```
    1          1          1
    5 6        4 3        6 5
  + 2 4      + 2 7      + 2 5
    8 0        7 0        9 0
```

답 구하기 56 , 24

2 화살 두 개를 던져 맞힌 두 수의 합은 가운데 60과 같습니다. 맞힌 두 수를 찾아 쓰시오.

32 19
24 60 26
38 41

문제 이해하기 두 수의 합이 60이 되어야 하므로
일의 자리 수의 합이 10이 되는 두 수를 찾아 더해 보면

```
    1          1          1
    2 4        3 2        1 9
  + 2 6      + 3 8      + 4 1
    5 0        7 0        6 0
```

답 구하기 19, 41

67

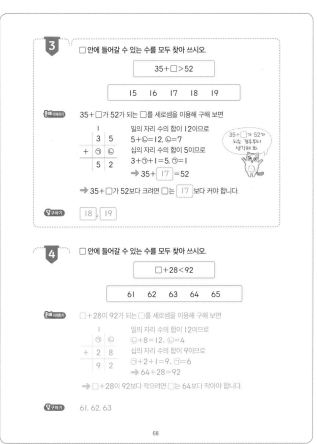

3 □ 안에 들어갈 수 있는 수를 모두 찾아 쓰시오.

35+□>52

15 16 17 18 19

문제 이해하기 35+□가 52가 되는 □를 세로셈을 이용해 구해 보면

```
    1
    3 5
  + ㉠ ㉡
    5 2
```

일의 자리 수의 합이 12이므로
5+㉡=12, ㉡=7
십의 자리 수의 합이 5이므로
3+㉠+1=5, ㉠=1
→ 35+ 17 =52

35+□가 52가 되는 경우부터 생각해 봐.

→ 35+□가 52보다 크려면 □는 17 보다 커야 합니다.

답 구하기 18 , 19

4 □ 안에 들어갈 수 있는 수를 모두 찾아 쓰시오.

□+28<92

61 62 63 64 65

문제 이해하기 □+28이 92가 되는 □를 세로셈을 이용해 구해 보면

```
    1
    ㉠ ㉡
  + 2 8
    9 2
```

일의 자리 수의 합이 12이므로
㉡+8=12, ㉡=4
십의 자리 수의 합이 9이므로
㉠+2+1=9, ㉠=6
→ 64+28=92

→ □+28이 92보다 작으려면 □는 64보다 작아야 합니다.

답 구하기 61, 62, 63

68

5 수 카드 2장을 골라 두 자리 수를 만들려고 합니다. 만들 수 있는 가장 큰 수와 가장 작은 수의 합을 구하시오.

5 6 2

문제 이해하기 수 카드의 수의 크기를 비교해 보면 2 < 5 < 6

➡ 만들 수 있는 가장 큰 두 자리 수: 65

➡ 만들 수 있는 가장 작은 두 자리 수: 25

식 세우기 (가장 큰 수)+(가장 작은 수)= 65 + 25 = 90

답 구하기 90

6 수 카드 2장을 골라 두 자리 수를 만들려고 합니다. 만들 수 있는 가장 큰 수와 가장 작은 수의 합을 구하시오.

7 1 6

문제 이해하기 수 카드의 수의 크기를 비교해 보면 1 < 6 < 7

➡ 만들 수 있는 가장 큰 두 자리 수: 76

➡ 만들 수 있는 가장 작은 두 자리 수: 16

식 세우기 (가장 큰 수)+(가장 작은 수)=76+16=92

답 구하기 92

69

정답 확인 오늘 나의 실력은? 부모님 확인

재미있는 수학 놀이터

화살은 어디에 꽂혔을까요?

활쏘기 대회가 열렸어요. 두 선수가 화살을 두 발씩 쏘았습니다. 두 선수의 총점은 동점이에요. 과녁판에서 두 선수가 맞힌 점수를 찾아 ○표 하세요.

23   46
(38) 51
77   28
34   68

내 점수는 84점!

46+38=84

나도 84점이야.

34   44
  56 (17)
(67) 49
38   74

67+17=84

70

15

4주 / 1일

교과서 덧셈과 뺄셈

십의 자리에서 받아올림이 있는
(두 자리 수)+(두 자리 수) ❶

73+42는 어떻게 계산할까요?
십의 자리 수의 합이 100이거나 10이 넘으면
백의 자리로 받아올림합니다.

실력
확인하기

다음을 계산해 보시오.

1
```
    5 0
+   5 2
  1 0 2
```

2
```
    4 3
+   6 5
  1 0 8
```

3
```
    2 7
+   9 2
  1 1 9
```

4
```
    3 9
+   8 6
  1 2 5
```

5
```
    7 7
+   7 4
  1 5 1
```

6
```
    9 8
+   6 4
  1 6 2
```

71

1 과일 가게에 빨간색 사과가 56개, 초록색 사과가 50개 있습니다. 과일 가게에 있는 사과는 모두 몇 개입니까?

문제 이해하기 사과 수를 그림으로 나타내 더하면

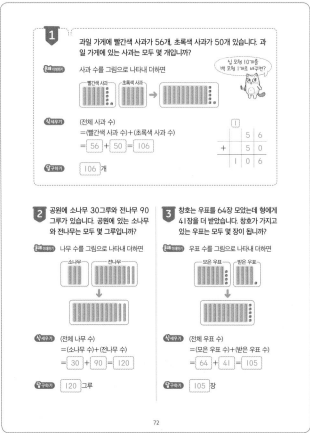

식세우기 (전체 사과 수)
= (빨간색 사과 수)+(초록색 사과 수)
= 56 + 50 = 106

```
    5 6
+   5 0
  1 0 6
```

답구하기 106 개

2 공원에 소나무 30그루와 전나무 90그루가 있습니다. 공원에 있는 소나무와 전나무는 모두 몇 그루입니까?

문제 이해하기 나무 수를 그림으로 나타내 더하면

식세우기 (전체 나무 수)
= (소나무 수)+(전나무 수)
= 30 + 90 = 120

답구하기 120 그루

3 창호는 우표를 64장 모았는데 형에게 41장을 더 받았습니다. 창호가 가지고 있는 우표는 모두 몇 장이 됩니까?

문제 이해하기 우표 수를 그림으로 나타내 더하면

식세우기 (전체 우표 수)
= (모은 우표 수)+(받은 우표 수)
= 64 + 41 = 105

답구하기 105 장

72

4 수연이는 머리핀을 89개 샀고, 지유는 45개 샀습니다. 수연이와 지유가 산 머리핀은 모두 몇 개입니까?

문제 이해하기 머리핀 수를 그림으로 나타내 더하면

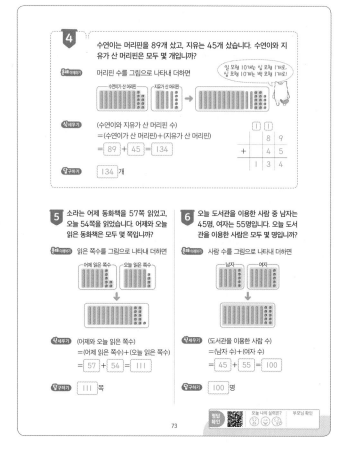

식세우기 (수연이와 지유가 산 머리핀 수)
= (수연이가 산 머리핀 수)+(지유가 산 머리핀 수)
= 89 + 45 = 134

```
    8 9
+   4 5
  1 3 4
```

답구하기 134 개

5 소라는 어제 동화책을 57쪽 읽었고, 오늘 54쪽을 읽었습니다. 어제와 오늘 읽은 동화책은 모두 몇 쪽입니까?

문제 이해하기 읽은 쪽수를 그림으로 나타내 더하면

식세우기 (어제와 오늘 읽은 쪽수)
= (어제 읽은 쪽수)+(오늘 읽은 쪽수)
= 57 + 54 = 111

답구하기 111 쪽

6 오늘 도서관을 이용한 사람 중 남자는 45명, 여자는 55명입니다. 오늘 도서관을 이용한 사람은 모두 몇 명입니까?

문제 이해하기 사람 수를 그림으로 나타내 더하면

식세우기 (도서관을 이용한 사람 수)
= (남자 수)+(여자 수)
= 45 + 55 = 100

답구하기 100 명

73

재미있는
**수학
놀이터**

내 땅은 어디?

세 친구가 숫자가 적힌 운동장 바닥에 자기 땅을 표시했어요. 친구들의 말을 듣고 각자 가진 땅에 적힌 숫자를 더해 보세요. 그리고 계산 결과가 가장 큰 사람의 말풍선에 ○표 하세요.

4주 2일 교과서 덧셈과 뺄셈

십의 자리에서 받아올림이 있는 (두 자리 수)+(두 자리 수) ❷

1 합이 100이 되는 두 수를 찾아 덧셈을 세 가지 만들어 보시오.

| 51 | 49 | 35 | 77 | 65 | 23 |

두 수의 합이 100이 되도록 각 자리 수의 합이 10이 되는 두 수를 찾아 더해 보면

받아올림이 두 번 있어.

```
  1 1        1 1        1 1
  5 1        3 5        7 7
+ 4 9      + 6 5      + 2 3
1 0 0      1 0 0      1 0 0
```

답구하기 예 51 + 49 =100, 35 + 65 =100, 77 + 23 =100

2 합이 100이 되는 두 수를 찾아 덧셈을 세 가지 만들어 보시오.

| 14 | 42 | 58 | 55 | 86 | 45 |

두 수의 합이 100이 되도록 각 자리 수의 합이 10이 되는 두 수를 찾아 더해 보면

```
  1 1        1 1        1 1
  1 4        4 2        5 5
+ 8 6      + 5 8      + 4 5
1 0 0      1 0 0      1 0 0
```

답하기 예 14+86=100, 42+58=100, 55+45=100

75

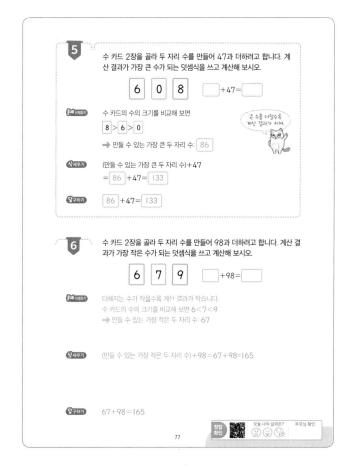

5 수 카드 2장을 골라 두 자리 수를 만들어 47과 더하려고 합니다. 계산 결과가 가장 큰 수가 되는 덧셈을 쓰고 계산해 보시오.

| 6 | 0 | 8 |

☐ +47= ☐

수 카드의 수의 크기를 비교해 보면

8 > 6 > 0

큰 수를 더할수록 계산 결과가 커져.

➡ 만들 수 있는 가장 큰 두 자리 수: 86

(만들 수 있는 가장 큰 두 자리 수)+47
= 86 +47= 133

답구하기 86 +47= 133

6 수 카드 2장을 골라 두 자리 수를 만들어 98과 더하려고 합니다. 계산 결과가 가장 작은 수가 되는 덧셈을 쓰고 계산해 보시오.

| 6 | 7 | 9 |

☐ +98= ☐

더해지는 수가 작을수록 계산 결과가 작습니다.
수 카드의 수의 크기를 비교해 보면 6<7<9
➡ 만들 수 있는 가장 작은 두 자리 수: 67

(만들 수 있는 가장 작은 두 자리 수)+98=67+98=165

답구하기 67+98=165

77

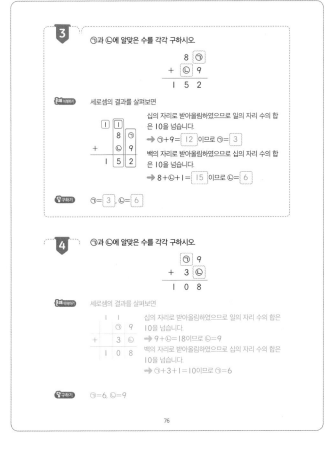

3 ㉠과 ㉡에 알맞은 수를 각각 구하시오.

```
    8 ㉠
+ ㉡ 9
1 5 2
```

세로셈의 결과를 살펴보면

```
  1 1
    8 ㉠
+ ㉡ 9
1 5 2
```

십의 자리로 받아올림하였으므로 일의 자리 수의 합은 10을 넘습니다.
➡ ㉠+9= 12 이므로 ㉠= 3

백의 자리로 받아올림하였으므로 십의 자리 수의 합은 10을 넘습니다.
➡ 8+㉡+1= 15 이므로 ㉡= 6

답구하기 ㉠= 3 , ㉡= 6

4 ㉠과 ㉡에 알맞은 수를 각각 구하시오.

```
  ㉠ 9
+ 3 ㉡
1 0 8
```

세로셈의 결과를 살펴보면

```
    1
  ㉠ 9
+ 3 ㉡
1 0 8
```

십의 자리로 받아올림하였으므로 일의 자리 수의 합은 10을 넘습니다.
➡ 9+㉡=18이므로 ㉡=9

백의 자리로 받아올림하였으므로 십의 자리 수의 합은 10을 넘습니다.
➡ ㉠+3+1=10이므로 ㉠=6

답구하기 ㉠=6, ㉡=9

76

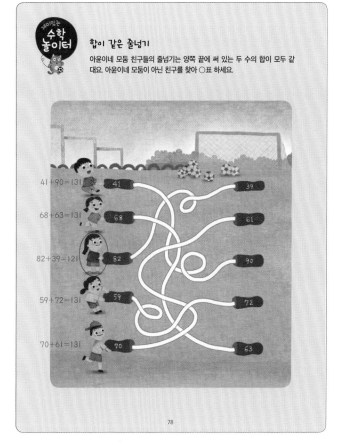

재미있는 수학놀이터

합이 같은 줄넘기

아윤이네 모둠 친구들의 줄넘기는 양쪽 끝에 써 있는 두 수의 합이 모두 같 대요. 아윤이네 모둠이 아닌 친구를 찾아 ○표 하세요.

41+90=131   41 · 39
68+63=131   68 · 61
82+39=121   82 · 90
59+72=131   59 · 72
70+61=131   70 · 63

78

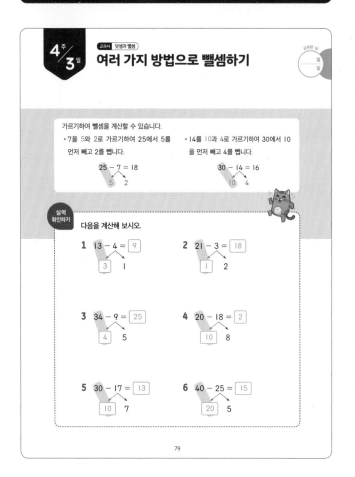

4주/3일 [교과서 덧셈과 뺄셈] 여러 가지 방법으로 뺄셈하기

가르기하여 뺄셈을 계산할 수 있습니다.

· 7을 5와 2로 가르기하여 25에서 5를 먼저 빼고 2를 뺍니다.

$$25 - 7 = 18$$
　　　5　2

· 14를 10과 4로 가르기하여 30에서 10을 먼저 빼고 4를 뺍니다.

$$30 - 14 = 16$$
　　　10　4

실력 확인하기

다음을 계산해 보시오.

1 $13 - 4 = \boxed{9}$
　　　　3　1

2 $21 - 3 = \boxed{18}$
　　　　1　2

3 $34 - 9 = \boxed{25}$
　　　　4　5

4 $20 - 18 = \boxed{2}$
　　　　10　8

5 $30 - 17 = \boxed{13}$
　　　　10　7

6 $40 - 25 = \boxed{15}$
　　　　20　5

79

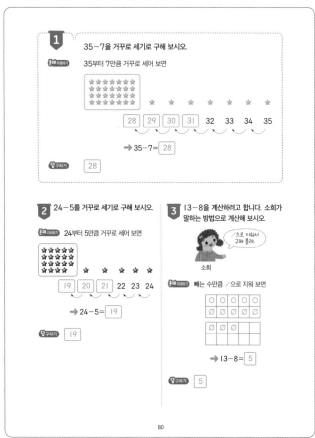

1 35-7을 거꾸로 세기로 구해 보시오

문제 이해하기 35부터 7만큼 거꾸로 세어 보면

$\boxed{28}$ $\boxed{29}$ $\boxed{30}$ $\boxed{31}$ 32 33 34 35

➡ $35 - 7 = \boxed{28}$

답구하기 $\boxed{28}$

2 24-5를 거꾸로 세기로 구해 보시오

문제 이해하기 24부터 5만큼 거꾸로 세어 보면

$\boxed{19}$ $\boxed{20}$ $\boxed{21}$ 22 23 24

➡ $24 - 5 = \boxed{19}$

답구하기 $\boxed{19}$

3 13-8을 계산하려고 합니다. 소희가 말하는 방법으로 계산해 보시오

소희: ○으로 지워서 구해 볼래.

문제 이해하기 빼는 수만큼 / 으로 지워 보면

➡ $13 - 8 = \boxed{5}$

답구하기 $\boxed{5}$

80

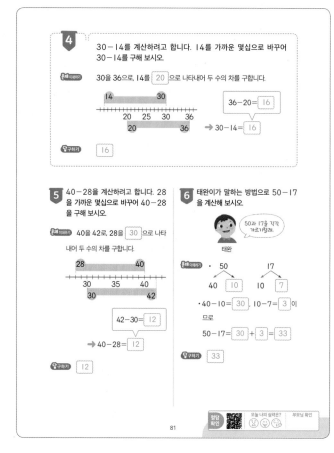

4 30-14를 계산하려고 합니다. 14를 가까운 몇십으로 바꾸어 30-14를 구해 보시오.

문제 이해하기 30을 36으로, 14를 $\boxed{20}$ 으로 나타내어 두 수의 차를 구합니다.

14　　　30
20 25 30 36
20　　　36

$36 - 20 = \boxed{16}$

➡ $30 - 14 = \boxed{16}$

답구하기 $\boxed{16}$

5 40-28을 계산하려고 합니다. 28을 가까운 몇십으로 바꾸어 40-28을 구해 보시오.

문제 이해하기 40을 42로, 28을 $\boxed{30}$ 으로 나타내어 두 수의 차를 구합니다.

28　　　40
30 35 40
30　　　42

$42 - 30 = \boxed{12}$

➡ $40 - 28 = \boxed{12}$

답구하기 $\boxed{12}$

6 태완이가 말하는 방법으로 50-17을 계산해 보시오

태완: 50과 17을 각각 가르기할래.

문제 이해하기

· 50　　　17
40 $\boxed{10}$　10 $\boxed{7}$

· $40 - 10 = \boxed{30}$, $10 - 7 = \boxed{3}$ 이므로

$50 - 17 = \boxed{30} + \boxed{3} = \boxed{33}$

답구하기 $\boxed{33}$

81

재미있는 수학 놀이터

몇 층에서 만날까?

이곳은 미래 아파트 친구들이 한 집에 모여서 놀고 싶은가 봐요. 친구들이 같은 층에서 만날 수 있도록 말풍선을 알맞게 채워 볼까요?

36층: 얘들아! 17층 아래에서 만나. → 36-17-19

20층 / 19층: 나는 36층에서 16층 내려왔으니까 $\boxed{1}$ 층 더 내려가야 해.

16층: 나는 36층에서 20층 내려왔으니까 다시 $\boxed{3}$ 층 올라가야 해.

우리는 $\boxed{19}$ 층에서 만났어요.

82

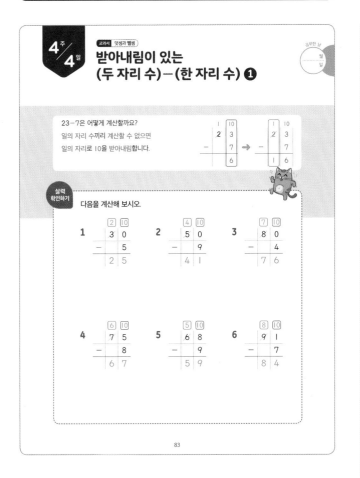

4주 4일

교과서 덧셈과 뺄셈

받아내림이 있는 (두 자리 수)−(한 자리 수) ❶

23−7은 어떻게 계산할까요?
일의 자리 수끼리 계산할 수 없으면
일의 자리로 10을 받아내림합니다.

실력 확인하기

다음을 계산해 보시오.

1
$$\begin{array}{r} ^{2}\,^{10} \\ 3\ 0 \\ -\ \ \ 5 \\ \hline 2\ 5 \end{array}$$

2
$$\begin{array}{r} ^{4}\,^{10} \\ 5\ 0 \\ -\ \ \ 9 \\ \hline 4\ 1 \end{array}$$

3
$$\begin{array}{r} ^{7}\,^{10} \\ 8\ 0 \\ -\ \ \ 4 \\ \hline 7\ 6 \end{array}$$

4
$$\begin{array}{r} ^{6}\,^{10} \\ 7\ 5 \\ -\ \ \ 8 \\ \hline 6\ 7 \end{array}$$

5
$$\begin{array}{r} ^{5}\,^{10} \\ 6\ 8 \\ -\ \ \ 9 \\ \hline 5\ 9 \end{array}$$

6
$$\begin{array}{r} ^{8}\,^{10} \\ 9\ 1 \\ -\ \ \ 7 \\ \hline 8\ 4 \end{array}$$

83

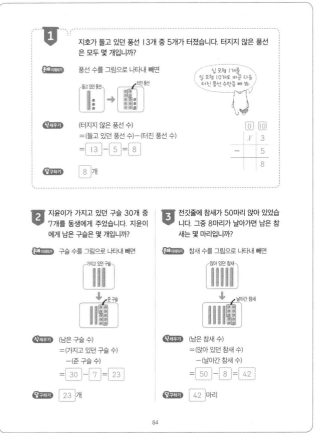

1 지호가 들고 있던 풍선 13개 중 5개가 터졌습니다. 터지지 않은 풍선은 모두 몇 개입니까?

문제 이해하기 풍선 수를 그림으로 나타내 빼면

들고 있던 풍선 → 터진 풍선

십 모형 1개를 일 모형 10개로 바꾼 다음 터진 풍선 수만큼 빼 봐.

식 세우기 (터지지 않은 풍선 수)
=(들고 있던 풍선 수)−(터진 풍선 수)
=13−5=8

답 구하기 8 개

2 지윤이가 가지고 있던 구슬 30개 중 7개를 동생에게 주었습니다. 지윤이에게 남은 구슬은 몇 개입니까?

문제 이해하기 구슬 수를 그림으로 나타내 빼면

가지고 있던 구슬 → 준 구슬

식 세우기 (남은 구슬 수)
=(가지고 있던 구슬 수)
−(준 구슬 수)
=30−7=23

답 구하기 23 개

3 전깃줄에 참새가 50마리 앉아 있었습니다. 그중 8마리가 날아가면 남은 참새는 몇 마리입니까?

문제 이해하기 참새 수를 그림으로 나타내 빼면

앉아 있던 참새 → 날아간 참새

식 세우기 (남은 참새 수)
=(앉아 있던 참새 수)
−(날아간 참새 수)
=50−8=42

답 구하기 42 마리

84

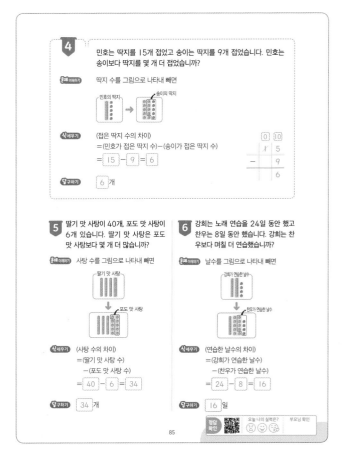

4 민호는 딱지를 15개 접었고 송이는 딱지를 9개 접었습니다. 민호는 송이보다 딱지를 몇 개 더 접었습니까?

문제 이해하기 딱지 수를 그림으로 나타내 빼면

민호의 딱지 → 송이의 딱지

식 세우기 (접은 딱지 수의 차이)
=(민호가 접은 딱지 수)−(송이가 접은 딱지 수)
=15−9=6

답 구하기 6 개

5 딸기 맛 사탕이 40개, 포도 맛 사탕이 6개 있습니다. 딸기 맛 사탕은 포도 맛 사탕보다 몇 개 더 많습니까?

문제 이해하기 사탕 수를 그림으로 나타내 빼면

딸기 맛 사탕 ↓ 포도 맛 사탕

식 세우기 (사탕 수의 차이)
=(딸기 맛 사탕 수)
−(포도 맛 사탕 수)
=40−6=34

답 구하기 34 개

6 강희는 노래 연습을 24일 동안 했고 찬우는 8일 동안 했습니다. 강희는 찬우보다 며칠 더 연습했습니까?

문제 이해하기 날수를 그림으로 나타내 빼면

강희가 연습한 날수 ↓ 찬우가 연습한 날수

식 세우기 (연습한 날수의 차이)
=(강희가 연습한 날수)
−(찬우가 연습한 날수)
=24−8=16

답 구하기 16 일

85

재미있는 수학 놀이터

성냥개비 뺄셈식

성냥개비를 모두 써 버린 성냥팔이 소녀에게 산타 할아버지가 커다란 선물을 주셨어요. 선물 상자의 뺄셈식을 알맞게 고쳐야 상자를 열어 볼 수 있대요. 하나의 식에서 성냥개비를 하나씩 빼서 뺄셈식을 완성해 볼까요?

딱 한 개씩만 빼면 된단다.

$94−5=49$
$54−5=49$

$81−9=78$
$81−3=78$

86

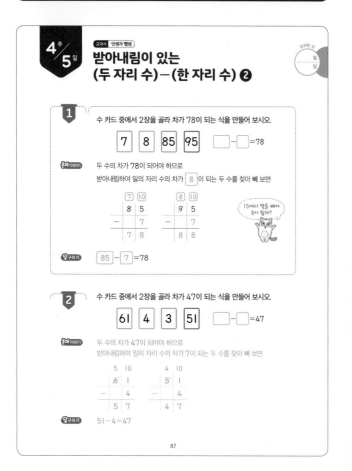

4/5일 교과서 덧셈과 뺄셈

받아내림이 있는
(두 자리 수)−(한 자리 수) ❷

1 수 카드 중에서 2장을 골라 차가 78이 되는 식을 만들어 보시오.

| 7 | 8 | 85 | 95 | ☐−☐=78

문제 이해하기

두 수의 차가 78이 되어야 하므로
받아내림하여 일의 자리 수의 차가 8 이 되는 두 수를 찾아 빼 보면

$$\begin{array}{r} 7 \ 10 \\ 8 \ 5 \\ -\quad 7 \\ \hline 7 \ 8 \end{array}$$

$$\begin{array}{r} 8 \ 10 \\ 9 \ 5 \\ -\quad 7 \\ \hline 8 \ 8 \end{array}$$

15에서 몇을 빼야 8이 될까?

답 구하기

85 − 7 =78

2 수 카드 중에서 2장을 골라 차가 47이 되는 식을 만들어 보시오.

| 6I | 4 | 3 | 5I | ☐−☐=47

문제 이해하기

두 수의 차가 47이 되어야 하므로
받아내림하여 일의 자리 수의 차가 7이 되는 두 수를 찾아 빼 보면

$$\begin{array}{r} 5 \ 10 \\ 6 \ 1 \\ -\quad 4 \\ \hline 5 \ 7 \end{array}$$

$$\begin{array}{r} 4 \ 10 \\ 5 \ 1 \\ -\quad 4 \\ \hline 4 \ 7 \end{array}$$

답 구하기

51 − 4 = 47

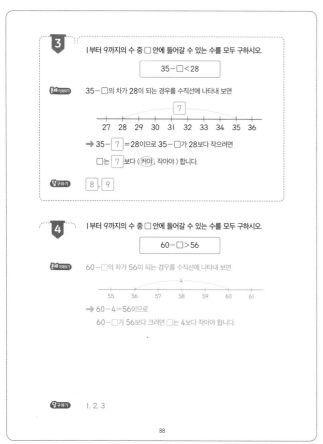

3 I부터 9까지의 수 중 ☐ 안에 들어갈 수 있는 수를 모두 구하시오.

35 − ☐ < 28

문제 이해하기

35−☐의 차가 28이 되는 경우를 수직선에 나타내 보면

7

27 28 29 30 31 32 33 34 35 36

➡ 35− 7 =28이므로 35−☐가 28보다 작아지려면

☐는 7 보다 (커야, 작아야) 합니다.

답 구하기

8 , 9

4 I부터 9까지의 수 중 ☐ 안에 들어갈 수 있는 수를 모두 구하시오.

60 − ☐ > 56

문제 이해하기

60−☐의 차가 56이 되는 경우를 수직선에 나타내 보면

4

55 56 57 58 59 60 61

➡ 60− 4 =56이므로

60−☐가 56보다 크려면 ☐는 4보다 작아야 합니다.

답 구하기

I, 2, 3

5 수 카드 3장을 골라 (두 자리 수)−(한 자리 수)의 식을 만들려고 합니다. 계산 결과가 가장 작은 수가 되는 뺄셈식을 만들고 계산해 보시오.

| 8 | 5 | 2 | 3 | ☐☐−☐=☐

문제 이해하기

• 계산 결과가 가장 작으려면
가장 (큰, 작은) 수에서 가장 (큰, 작은) 수를 빼야 합니다.

• 네 수의 크기를 비교해 보면 2 < 3 < 5 < 8

➡ 만들 수 있는 가장 작은 두 자리 수: 23

➡ 만들 수 있는 가장 큰 한 자리 수: 8

식 세우기

(가장 작은 두 자리 수)−(가장 큰 한 자리 수)

= 23 − 8 = 15

답 구하기

23 − 8 = 15

6 수 카드 3장을 골라 (두 자리 수)−(한 자리 수)의 식을 만들려고 합니다. 계산 결과가 가장 작은 수가 되는 뺄셈식을 만들고 계산해 보시오.

| 5 | 4 | 3 | 7 | ☐☐−☐=☐

문제 이해하기

• 계산 결과가 가장 작으려면 가장 작은 수에서 가장 큰 수를 빼야 합니다.

• 네 수의 크기를 비교해 보면 3<4<5<7

➡ 만들 수 있는 가장 작은 두 자리 수: 34

➡ 만들 수 있는 가장 큰 한 자리 수: 7

식 세우기

(가장 작은 두 자리 수)−(가장 큰 한 자리 수)

=34−7=27

답 구하기

34−7=27

정답확인 | 오늘 나의 실력은? | 부모님 확인

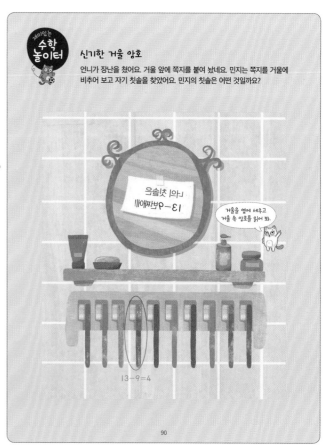

재미있는 **수학 놀이터**   **신기한 거울 암호**

언니가 장난을 쳤어요. 거울 앞에 쪽지를 붙여 놨네요. 민지는 쪽지를 거울에 비추어 보고 자기 칫솔을 찾았어요. 민지의 칫솔은 어떤 것일까요?

민지의 칫솔은
I3−9번째야!

거울을 옆에 세우고 거울 속 암호를 읽어 봐.

13−9=4

20

5주/1일
교과서 덧셈과 뺄셈

받아내림이 있는 (몇십)−(두 자리 수) ❶

30−16은 어떻게 계산할까요?

• 일의 자리 수끼리 계산할 수 없으면 일의 자리로 10을 받아내림합니다.
• 받아내림하고 남은 수에서 십의 자리 수를 뺍니다.

실력 확인하기

다음을 계산해 보시오.

1.
```
  ① 10
   2  0
 −  1  4
 ─────
      6
```

2.
```
  ⑥ 10
   7  0
 −  3  1
 ─────
   3  9
```

3.
```
  ③ 10
   4  0
 −  2  5
 ─────
   1  5
```

4.
```
  ⑦ 10
   8  0
 −  5  9
 ─────
   2  1
```

5.
```
  ② 10
   3  0
 −  1  2
 ─────
   1  8
```

6.
```
  ⑤ 10
   6  0
 −  3  3
 ─────
   2  7
```

91

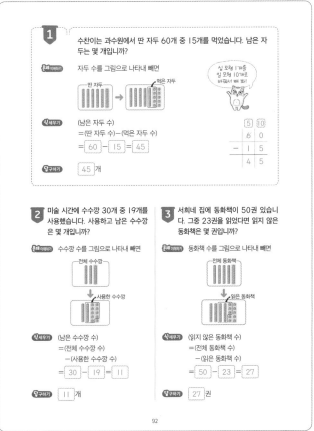

1 수찬이는 과수원에서 딴 자두 60개 중 15개를 먹었습니다. 남은 자두는 몇 개입니까?

문제 이해하기 자두 수를 그림으로 나타내 빼면

딴 자두 → 먹은 자두

십 모형 1개를 일 모형 10개로 바꿔서 빼 봐!

식세우기 (남은 자두 수)
=(딴 자두 수)−(먹은 자두 수)
= 60 − 15 = 45

```
  5 10
  6  0
− 1  5
─────
  4  5
```

답구하기 45 개

2 미술 시간에 수수깡 30개 중 19개를 사용했습니다. 사용하고 남은 수수깡은 몇 개입니까?

문제 이해하기 수수깡 수를 그림으로 나타내 빼면

전체 수수깡 → 사용한 수수깡

식세우기 (남은 수수깡 수)
=(전체 수수깡 수)
−(사용한 수수깡 수)
= 30 − 19 = 11

답구하기 11 개

3 서희네 집에 동화책이 50권 있습니다. 그중 23권을 읽었다면 읽지 않은 동화책은 몇 권입니까?

문제 이해하기 동화책 수를 그림으로 나타내 빼면

전체 동화책 → 읽은 동화책

식세우기 (읽지 않은 동화책 수)
=(전체 동화책 수)
−(읽은 동화책 수)
= 50 − 23 = 27

답구하기 27 권

92

4 건후는 도토리를 70개 주웠고, 예은이는 38개 주웠습니다. 건후는 예은이보다 도토리를 몇 개 더 많이 주웠습니까?

문제 이해하기 도토리 수를 그림으로 나타내 빼면

건후가 주운 도토리 → 예은이가 주운 도토리

식세우기 (주운 도토리 수의 차이)
=(건후가 주운 도토리 수)−(예은이가 주운 도토리 수)
= 70 − 38 = 32

```
  6 10
  7  0
− 3  8
─────
  3  2
```

답구하기 32 개

5 운동장에 남학생이 19명, 여학생이 40명 있습니다. 여학생은 남학생보다 몇 명 더 많습니까?

문제 이해하기 학생 수를 그림으로 나타내 빼면

여학생 ↓ 남학생

식세우기 (학생 수의 차이)
=(여학생 수)−(남학생 수)
= 40 − 19 = 21

답구하기 21 명

6 혜지는 카메라로 사진을 30장 찍었고, 범진이는 14장 찍었습니다. 혜지는 범진이보다 사진을 몇 장 더 찍었습니까?

문제 이해하기 찍은 사진 수를 그림으로 나타내 빼면

혜지가 찍은 사진 ↓ 범진이가 찍은 사진

식세우기 (찍은 사진 수의 차이)
=(혜지가 찍은 사진 수)
−(범진이가 찍은 사진 수)
= 30 − 14 = 16

답구하기 16 장

93

재미있는 수학 놀이터

같은 팀을 찾아요!

동물 마을 운동회에서 이인삼각 경기가 시작됐어요. 선수들은 나이 차이로 팀을 짰다고 하네요. 기린네 팀은 12살, 호랑이네 팀은 13살, 하마네 팀은 14살 차이가 나요. 같은 팀끼리 선으로 이어 볼까요?

94

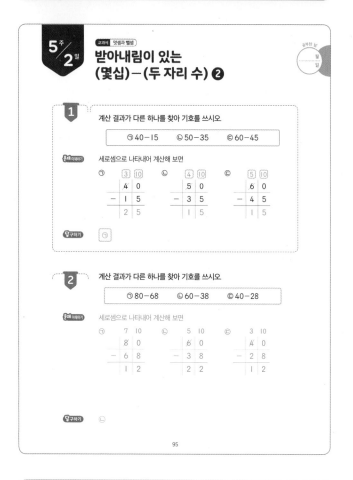

5주 2일

교과서 덧셈과 뺄셈

받아내림이 있는 (몇십)−(두 자리 수) ❷

1 계산 결과가 다른 하나를 찾아 기호를 쓰시오.

㉠ 40−15 ㉡ 50−35 ㉢ 60−45

문제 이해하기 세로셈으로 나타내어 계산해 보면

㉠
```
  ③ ⑩
  4 0
- 1 5
  2 5
```
㉡
```
  ④ ⑩
  5 0
- 3 5
  1 5
```
㉢
```
  ⑤ ⑩
  6 0
- 4 5
  1 5
```

답구하기 ㉠

2 계산 결과가 다른 하나를 찾아 기호를 쓰시오.

㉠ 80−68 ㉡ 60−38 ㉢ 40−28

문제 이해하기 세로셈으로 나타내어 계산해 보면

㉠
```
  7 10
  8 0
- 6 8
  1 2
```
㉡
```
  5 10
  6 0
- 3 8
  2 2
```
㉢
```
  3 10
  4 0
- 2 8
  1 2
```

답구하기 ㉡

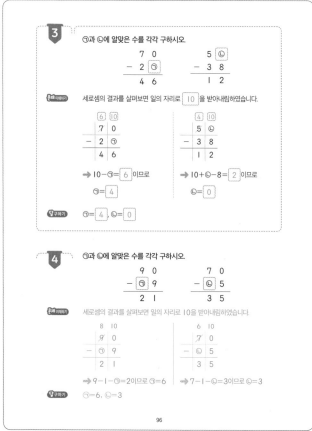

3 ㉠과 ㉡에 알맞은 수를 각각 구하시오.

```
  7 0
- 2 ㉠
  4 6
```
```
  5 ㉡
- 3 8
  1 2
```

문제 이해하기 세로셈의 결과를 살펴보면 일의 자리로 10 을 받아내림하였습니다.

```
  ⑥ ⑩
  7 0
- 2 ㉠
  4 6
```
```
  ④ ⑩
  5 ㉡
- 3 8
  1 2
```

➡ 10−㉠= 6 이므로

㉠= 4

➡ 10+㉡−8= 2 이므로

㉡= 0

답구하기 ㉠= 4 , ㉡= 0

4 ㉠과 ㉡에 알맞은 수를 각각 구하시오.

```
  9 0
- ㉠ 9
  2 1
```
```
  7 0
- ㉡ 5
  3 5
```

문제 이해하기 세로셈의 결과를 살펴보면 일의 자리로 10을 받아내림하였습니다.

```
  8 10
  9 0
- ㉠ 9
  2 1
```
```
  6 10
  7 0
- ㉡ 5
  3 5
```

➡ 9−1−㉠=2이므로 ㉠=6

➡ 7−1−㉡=3이므로 ㉡=3

답구하기 ㉠=6, ㉡=3

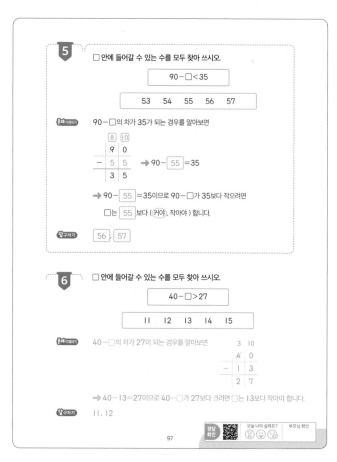

5 □ 안에 들어갈 수 있는 수를 모두 찾아 쓰시오.

90−□<35

| 53 | 54 | 55 | 56 | 57 |

문제 이해하기 90−□의 차가 35가 되는 경우를 알아보면

```
  8 10
  9 0
- 5 5  ➡ 90− 55 =35
  3 5
```

➡ 90− 55 =35이므로 90−□가 35보다 작으려면

□는 55 보다 (커야 , 작아야) 합니다.

답구하기 56 , 57

6 □ 안에 들어갈 수 있는 수를 모두 찾아 쓰시오.

40−□>27

| 11 | 12 | 13 | 14 | 15 |

문제 이해하기 40−□의 차가 27이 되는 경우를 알아보면

```
  3 10
  4 0
- 1 3
  2 7
```

➡ 40−13=27이므로 40−□가 27보다 크려면 □는 13보다 작아야 합니다.

답구하기 11, 12

재미있는 **수학 놀이터**

친구의 편지

놀이동산에서 친구를 만나기로 했어요. 그런데 친구가 준 티켓에 뭔가 적혀 있네요. 자세히 보니 매표소 옆 담장에도 암호가 써 있고요. 내 친구는 어디에 있을까요?

나는 여기에 있어!

37	53	19	55	26	28	24	26
60−23	70−17	50−31	80−25	90−64	40−12	50−26	90−64
ㄱ	ㅐ	ㄴ	ㄹ	ㅏ	ㅁ	ㅊ	ㅣ

친구는 관람차 에 있구나!

37	26	19	32	55	25	28
ㄱ	ㅏ	ㄴ	ㄹ	ㅁ	ㅂ	
17	57	62	53	24	14	29
ㅂ	ㅜ	ㅈ	�	ㅊ	ㅐ	

5주 3일 〔교과서 덧셈과 뺄셈〕
받아내림이 있는
(두 자리 수) − (두 자리 수) ❶

72−36은 어떻게 계산할까요?

- 일의 자리 수끼리 계산할 수 없으면 일의 자리로
  10을 받아내림합니다.

- 받아내림하고 남은 수에서 십의 자리 수를 뺍니다.

실력 확인하기

다음을 계산해 보시오.

1
  2 3
− 1 4
_____
    9

2
  8 5
− 3 7
_____
  4 8

3
  4 2
− 1 5
_____
  2 7

4
  9 4
− 5 8
_____
  3 6

5
  5 1
− 2 6
_____
  2 5

6
  7 8
− 4 9
_____
  2 9

99

---

1 운동장에 학생이 43명 있었습니다. 그중 15명이 교실로 들어갔다면 운동장에 남은 학생은 몇 명입니까?

〔문제 이해하기〕 학생 수를 그림으로 나타내 빼면

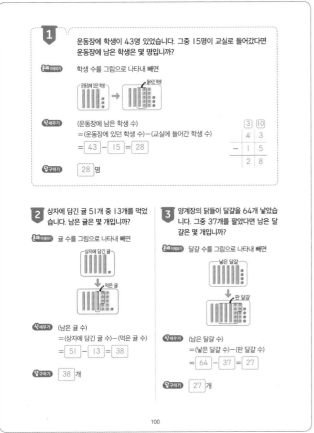

〔식세우기〕 (운동장에 남은 학생 수)
= (운동장에 있던 학생 수) − (교실에 들어간 학생 수)
= 43 − 15 = 28

〔답구하기〕 28 명

2 상자에 담긴 귤 51개 중 13개를 먹었습니다. 남은 귤은 몇 개입니까?

〔문제 이해하기〕 귤 수를 그림으로 나타내 빼면

〔식세우기〕 (남은 귤 수)
= (상자에 담긴 귤 수) − (먹은 귤 수)
= 51 − 13 = 38

〔답구하기〕 38 개

3 양계장의 닭들이 달걀을 64개 낳았습니다. 그중 37개를 팔았다면 남은 달걀은 몇 개입니까?

〔문제 이해하기〕 달걀 수를 그림으로 나타내 빼면

〔식세우기〕 (남은 달걀 수)
= (낳은 달걀 수) − (판 달걀 수)
= 64 − 37 = 27

〔답구하기〕 27 개

100

---

4 빵집에서 단팥빵을 32개 만들고, 크림빵을 17개 만들었습니다. 단팥빵은 크림빵보다 몇 개 더 많습니까?

〔문제 이해하기〕 빵의 수를 그림으로 나타내 빼면

〔식세우기〕 (단팥빵 수와 크림빵 수의 차이)
= (단팥빵 수) − (크림빵 수)
= 32 − 17 = 15

〔답구하기〕 15 개

5 진환이 아버지는 42살이고 어머니는 39살입니다. 진환이 아버지는 어머니보다 몇 살 더 많습니까?

〔문제 이해하기〕 나이를 그림으로 나타내 빼면

〔식세우기〕 (아버지와 어머니의 나이 차이)
= (아버지의 나이) − (어머니의 나이)
= 42 − 39 = 3

〔답구하기〕 3 살

6 박물관에 입장한 관람객은 남자가 55명, 여자가 26명입니다. 남자 관람객은 여자 관람객보다 몇 명 더 많습니까?

〔문제 이해하기〕 관람객 수를 그림으로 나타내 빼면

〔식세우기〕 (관람객 수의 차이)
= (남자 관람객 수) − (여자 관람객 수)
= 55 − 26 = 29

〔답구하기〕 29 명

101

재미있는 수학 놀이터

모래 놀이를 해요

두 친구가 모래 놀이를 하고 있어요. 한 사람이 모래를 가져갈 때 차가 16이 되는 두 수씩만 가져갈 수 있어요. 모든 숫자를 가져갈 수 있도록 두 수씩 묶어 볼까요?

102

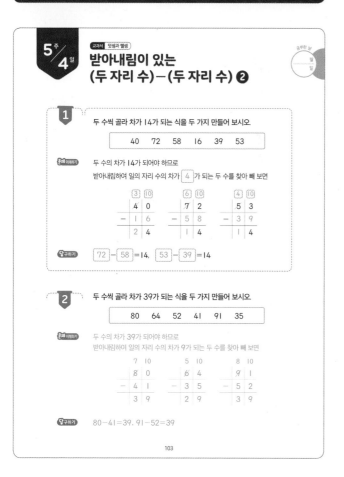

5주 4일 교과서 덧셈과 뺄셈

받아내림이 있는
(두 자리 수)−(두 자리 수) ❷

1 두 수씩 골라 차가 14가 되는 식을 두 가지 만들어 보시오.

| 40 | 72 | 58 | 16 | 39 | 53 |

문제 이해하기 두 수의 차가 14가 되어야 하므로

받아내림하여 일의 자리 수의 차가 4 가 되는 두 수를 찾아 빼 보면

```
  3 10        6 10        4 10
  4  0        7  2        5  3
-  1  6      -  5  8      -  3  9
  2  4        1  4        1  4
```

답 구하기 72 − 58 =14, 53 − 39 =14

2 두 수씩 골라 차가 39가 되는 식을 두 가지 만들어 보시오.

| 80 | 64 | 52 | 41 | 91 | 35 |

문제 이해하기 두 수의 차가 39가 되어야 하므로

받아내림하여 일의 자리 수의 차가 9가 되는 두 수를 찾아 빼 보면

```
  7 10        5 10        8 10
  8  0        6  4        9  1
-  4  1      -  3  5      -  5  2
  3  9        2  9        3  9
```

답 구하기 80−41=39, 91−52=39

103

3 수 카드 2장을 골라 두 자리 수를 만들어 71에서 빼려고 합니다. 계산 결과가 가장 큰 수가 되는 뺄셈식을 쓰고 계산해 보시오.

| 5 | 1 | 6 | 71−□=□

문제 이해하기
• 어떤 수에서 더 (큰 수 , 작은 수)를 뺄수록 계산 결과가 커집니다.
• 수 카드의 수의 크기를 비교해 보면
　 1 < 5 < 6
　➡ 만들 수 있는 가장 작은 두 자리 수: 15

식 세우기 71−(만들 수 있는 가장 작은 두 자리 수)
　=71− 15 = 56

답 구하기 71− 15 = 56

4 수 카드 2장을 골라 두 자리 수를 만들어 53에서 빼려고 합니다. 계산 결과가 가장 큰 수가 되는 뺄셈식을 쓰고 계산해 보시오.

| 7 | 2 | 4 | 53−□=□

문제 이해하기
• 어떤 수에서 더 작은 수를 뺄수록 계산 결과가 커집니다.
• 수 카드의 수의 크기를 비교해 보면 2<4<7
　➡ 만들 수 있는 가장 작은 두 자리 수: 24

식 세우기 53−(만들 수 있는 가장 작은 두 자리 수)
　=53−24=29

답 구하기 53−24=29

104

5 □ 안에 들어갈 수 있는 가장 큰 수를 구하시오.

| 83−□>47 |

문제 이해하기 83−□의 차가 47이 되는 경우를 알아보면

```
  7 10
  8  3
-  3  6     ➡ 83− 36 =47
  4  7
```

➡ 83− 36 =47이므로 83−□가 47보다 크려면

　□는 36 보다 (커야 , 작아야) 합니다.

답 구하기 35

6 □ 안에 들어갈 수 있는 가장 큰 수를 구하시오.

| 75−□>56 |

문제 이해하기 75−□의 차가 56이 되는 경우를 알아보면

```
  6 10
  7  5
-  1  9     ➡ 75−19=56
  5  6
```

➡ 75−19=56이므로 75−□가 56보다 크려면 □는 19보다 작아야 합니다.

답 구하기 18

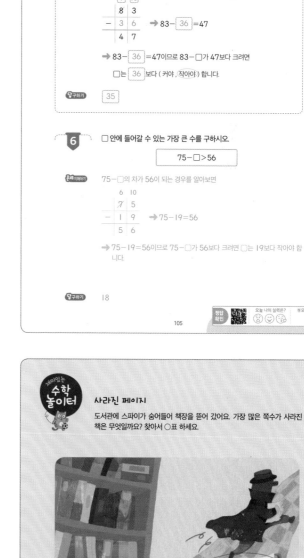

105

재미있는
수학놀이터

사라진 페이지

도서관에 스파이가 숨어들어 책장을 뜯어 갔어요. 가장 많은 쪽수가 사라진 책은 무엇일까요? 찾아서 ○표 하세요.

106

5주 5일 교과서 덧셈과 뺄셈

세 수의 계산 ❶

16+32-15는 어떻게 계산할까요?
세 수의 계산은 앞에서부터 순서대로 합니다.

$$16+32-15=33$$
$$48$$
$$33$$

실력 확인하기

다음을 계산해 보시오.

1 $14+6+8=$ 28
20
28

2 $27+11+5=$ 43
38
43

3 $98-42-13=$ 43
56
43

4 $33-15-9=$ 9
18
9

5 $59+1-23=$ 37
60
37

6 $64-47+3=$ 20
17
20

107

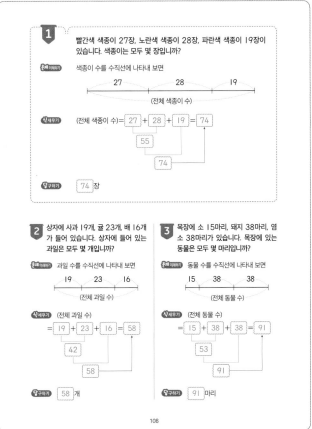

1 빨간색 색종이 27장, 노란색 색종이 28장, 파란색 색종이 19장이 있습니다. 색종이는 모두 몇 장입니까?

문제 이해하기 색종이 수를 수직선에 나타내 보면

27 | 28 | 19
(전체 색종이 수)

식세우기 (전체 색종이 수)= 27 + 28 + 19 = 74
55
74

답구하기 74 장

2 상자에 사과 19개, 귤 23개, 배 16개가 들어 있습니다. 상자에 들어 있는 과일은 모두 몇 개입니까?

문제 이해하기 과일 수를 수직선에 나타내 보면

19 | 23 | 16
(전체 과일 수)

식세우기 (전체 과일 수)
= 19 + 23 + 16 = 58
42
58

답구하기 58 개

3 목장에 소 15마리, 돼지 38마리, 염소 38마리가 있습니다. 목장에 있는 동물은 모두 몇 마리입니까?

문제 이해하기 동물 수를 수직선에 나타내 보면

15 | 38 | 38
(전체 동물 수)

식세우기 (전체 동물 수)
= 15 + 38 + 38 = 91
53
91

답구하기 91 마리

108

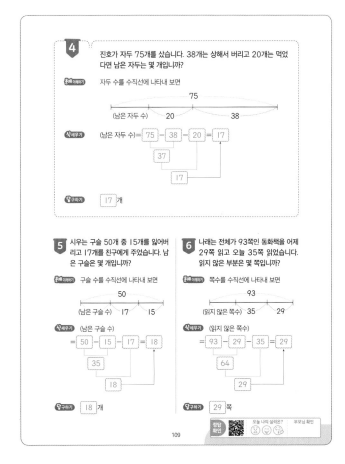

4 진호가 자두 75개를 샀습니다. 38개는 상해서 버리고 20개는 먹었다면 남은 자두는 몇 개입니까?

문제 이해하기 자두 수를 수직선에 나타내 보면

75
(남은 자두 수) 20 | 38

식세우기 (남은 자두 수)= 75 − 38 − 20 = 17
37
17

답구하기 17 개

5 시우는 구슬 50개 중 15개를 잃어버리고 17개를 친구에게 주었습니다. 남은 구슬은 몇 개입니까?

문제 이해하기 구슬 수를 수직선에 나타내 보면

50
(남은 구슬 수) 17 | 15

식세우기 (남은 구슬 수)
= 50 − 15 − 17 = 18
35
18

답구하기 18 개

6 나래는 전체가 93쪽인 동화책을 어제 29쪽 읽고 오늘 35쪽 읽었습니다. 읽지 않은 부분은 몇 쪽입니까?

문제 이해하기 쪽수를 수직선에 나타내 보면

93
(읽지 않은 쪽수) 35 | 29

식세우기 (읽지 않은 쪽수)
= 93 − 29 − 35 = 29
64
29

답구하기 29 쪽

109

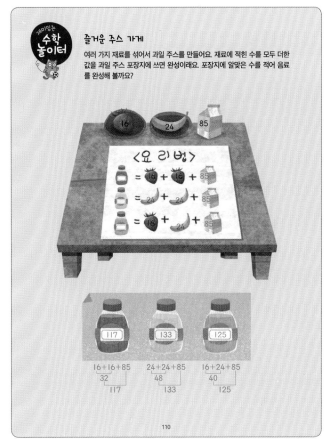

재미있는 수학놀이터

즐거운 주스 가게

여러 가지 재료를 섞어서 과일 주스를 만들어요. 재료에 적힌 수를 모두 더한 값을 과일 주스 포장지에 쓰면 완성이래요. 포장지에 알맞은 수를 적어 음료를 완성해 볼까요?

16 | 24 | 85

〈요리법〉

= 16 + 16 + 85
= 24 + 24 + 85
= 16 + 24 + 85

117 | 133 | 125

16+16+85
32
117

24+24+85
48
133

16+24+85
40
125

110

25

6주/1일

교과서 덧셈과 뺄셈

세 수의 계산 ❷

1

체육관에 남학생 48명과 여학생 43명이 있습니다. 체육관에 있는 학생 중 안경을 쓴 학생이 29명이라면 안경을 쓰지 않은 학생은 몇 명입니까?

문제 이해하기

학생 수를 수직선에 나타내 보면

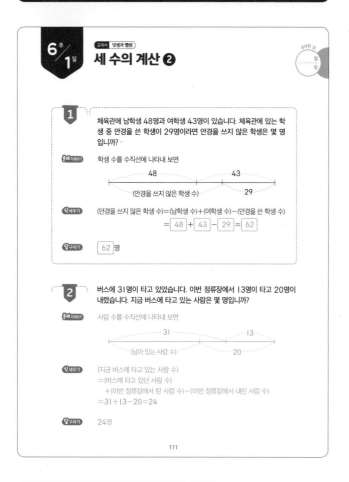

```
        48              43
├──────────────┼──────────┤
(안경을 쓰지 않은 학생 수)     29
```

식 세우기

(안경을 쓰지 않은 학생 수)=(남학생 수)+(여학생 수)−(안경을 쓴 학생 수)

=　48　+　43　−　29　=　62

답 구하기

62 명

2

버스에 31명이 타고 있었습니다. 이번 정류장에서 13명이 타고 20명이 내렸습니다. 지금 버스에 타고 있는 사람은 몇 명입니까?

문제 이해하기

사람 수를 수직선에 나타내 보면

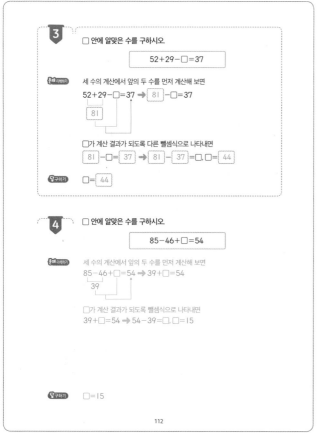

```
        31              13
├──────────────┼──────────┤
(남아 있는 사람 수)     20
```

식 세우기

(지금 버스에 타고 있는 사람 수)
=(버스에 타고 있던 사람 수)
　+(이번 정류장에서 탄 사람 수)−(이번 정류장에서 내린 사람 수)
=31+13−20=24

답 구하기

24명

111

3

□ 안에 알맞은 수를 구하시오.

$$52+29-\square=37$$

문제 이해하기

세 수의 계산에서 앞의 두 수를 먼저 계산해 보면

52+29−□=37 ➡ 81 −□=37

81

□가 계산 결과가 되도록 다른 뺄셈식으로 나타내면

81 −□= 37 ➡ 81 − 37 =□, □= 44

답 구하기

□= 44

4

□ 안에 알맞은 수를 구하시오.

$$85-46+\square=54$$

문제 이해하기

세 수의 계산에서 앞의 두 수를 먼저 계산해 보면

85−46+□=54 ➡ 39 +□=54

39

□가 계산 결과가 되도록 뺄셈식으로 나타내면

39+□=54 ➡ 54−39=□, □=15

답 구하기

□=15

112

5

서우네 집에 달걀이 34개 있었는데 29개를 더 사 오고 몇 개를 사용했습니다. 남은 달걀이 18개라면 사용한 달걀은 몇 개입니까?

문제 이해하기

달걀 수를 수직선에 나타내 보면

```
        34              29
├──────────────┼──────────┤
     18        (사용한 달걀 수)
```

식 세우기

• 사용한 달걀 수를 □로 나타내어 식을 써 보면

34+ 29 −□= 18 ➡ 63 −□= 18

• □가 계산 결과가 되도록 다른 뺄셈식으로 나타내면

63 −□= 18 ➡ 63 − 18 =□, □= 45

답 구하기

45 개

6

주차장에 자동차가 40대 있었습니다. 자동차 31대가 들어오고 몇 대가 나가서 44대가 되었습니다. 나간 자동차는 몇 대입니까?

문제 이해하기

자동차 수를 수직선에 나타내 보면

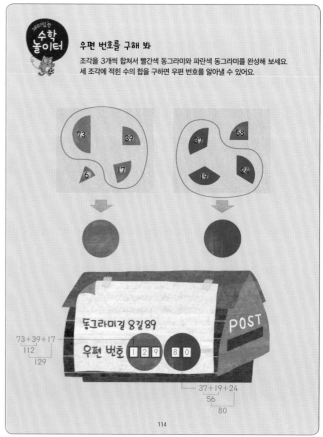

```
        40              31
├──────────────┼──────────┤
        44       (나간 자동차 수)
```

식 세우기

• 나간 자동차 수를 □로 나타내어 식을 써 보면

40+31−□=44 ➡ 71−□=44

• □가 계산 결과가 되도록 다른 뺄셈식으로 나타내면

71−□=44 ➡ 71−44=□, □=27

답 구하기

27대

113

정답 확인 | 오늘 나의 실력은? | 부모님 확인

재미있는 **수학 놀이터**

우편 번호를 구해 봐

조각을 3개씩 합쳐서 빨간색 동그라미와 파란색 동그라미를 완성해 보세요. 세 조각에 적힌 수의 합을 구하면 우편 번호를 알아낼 수 있어요.

73　39

6　17

37　58

19　24

동그라미길 8길 89

POST

우편 번호　1 2 9　8 0

73+39+17
112
129

37+19+24
56
80

114

6주 2일

덧셈과 뺄셈의 관계 ❶

덧셈식을 뺄셈식으로, 뺄셈식을 덧셈식으로 나타낼 수 있습니다.

$3+5=8$ ← $8-5=3$ / $8-3=5$ $8-5=3$ → $3+5=8$ / $5+3=8$

실력 확인하기

덧셈식을 뺄셈식으로, 뺄셈식을 덧셈식으로 나타내 보시오

1 $4+8=12$
$12-8=\boxed{4}$
$12-4=\boxed{8}$

2 $16+9=25$
$25-\boxed{9}=16$
$25-\boxed{16}=9$

3 $25+37=62$
$\boxed{62}-37=25$
$\boxed{62}-25=37$

4 $13-7=6$
$6+7=\boxed{13}$
$7+6=\boxed{13}$

5 $34-25=9$
$9+\boxed{25}=34$
$25+\boxed{9}=34$

6 $92-48=44$
$\boxed{44}+48=92$
$\boxed{48}+44=92$

115

---

1 다음 덧셈식을 뺄셈식으로 나타내 보시오.

$20+70=90$

문제 이해하기 덧셈식을 수 막대에 나타내 보면

20 / 70 / 90

➡ 90에서 20을 빼면 $\boxed{70}$ 이 남고, 70을 빼면 $\boxed{20}$ 이 남습니다.

구하기
$\boxed{90}-\boxed{20}=\boxed{70}$
$\boxed{90}-\boxed{70}=\boxed{20}$

2 다음 덧셈식을 뺄셈식으로 나타내 보시오.

$45+25=70$

문제 이해하기 덧셈식을 수 막대에 나타내 보면

45 / 25 / 70

➡ 70에서
45를 빼면 $\boxed{25}$ 가 남고,
25를 빼면 $\boxed{45}$ 가 남습니다.

구하기
$\boxed{70}-\boxed{45}=\boxed{25}$
$\boxed{70}-\boxed{25}=\boxed{45}$

3 다음 덧셈식을 뺄셈식으로 나타내 보시오

$30+28=58$

문제 이해하기 덧셈식을 수직선에 나타내 보면

30 / 28 / 58

➡ 58에서
30을 빼면 $\boxed{28}$ 이 남고,
28을 빼면 $\boxed{30}$ 이 남습니다.

구하기
$\boxed{58}-\boxed{30}=\boxed{28}$
$\boxed{58}-\boxed{28}=\boxed{30}$

116

---

4 다음 뺄셈식을 덧셈식으로 나타내 보시오.

$80-30=50$

문제 이해하기 뺄셈식을 수 막대에 나타내 보면

80 / 30 / 50

➡ 50과 30을 더하면 $\boxed{80}$ 이 됩니다.

더하는 두 수의 순서를 바꾸어도 합은 같아.

구하기
$\boxed{50}+\boxed{30}=\boxed{80}$
$\boxed{30}+\boxed{50}=\boxed{80}$

5 다음 뺄셈식을 덧셈식으로 나타내 보시오.

$90-55=35$

문제 이해하기 뺄셈식을 수 막대에 나타내 보면

90 / 55 / 35

➡ 35와 55를 더하면 $\boxed{90}$ 이 됩니다.

구하기
$\boxed{35}+\boxed{55}=\boxed{90}$
$\boxed{55}+\boxed{35}=\boxed{90}$

6 다음 뺄셈식을 덧셈식으로 나타내 보시오.

$57-40=17$

문제 이해하기 뺄셈식을 수 막대에 나타내 보면

57 / 40 / 17

➡ 17과 40을 더하면 $\boxed{57}$ 이 됩니다.

구하기
$\boxed{17}+\boxed{40}=\boxed{57}$
$\boxed{40}+\boxed{17}=\boxed{57}$

정답 확인 | 오늘 나의 실력은? | 부모님 확인

117

재미있는 수학 놀이터

스마트폰을 열어요

잠긴 스마트폰을 열어 보세요 문자메시지로 온 힌트를 보고 알맞은 식을 따라 이으면 패턴을 그릴 수 있어요.

$30+60=90$ $90-30=60$ $52+38=90$
$71+19=90$ $38+52=90$ $60+30=90$
$19+71=90$ $90-52=38$ $90-60=30$

초록색 칸 수와 분홍색 칸 수를 더해요!

덧셈식을 뺄셈식으로 나타내면?

118

27

6주 3일 교과서 덧셈과 뺄셈

덧셈과 뺄셈의 관계 ❷

1

세 수를 이용하여 4개의 식을 만들어 보시오.

가장 큰 수가 나머지 두 수의 합이 돼.

82
25 57

문제 이해하기

• 덧셈식 만들기: 가장 큰 수인 82 가 합이 되도록

나머지 두 수 25 와 57 을 더합니다.

• 뺄셈식 만들기: 가장 큰 수인 82 에서

나머지 두 수 25 와 57 을 각각 뺍니다.

답구하기

$25 + 57 = 82$ | $82 - 25 = 57$
$57 + 25 = 82$ | $82 - 57 = 25$

2

세 수를 이용하여 4개의 식을 만들어 보시오.

66
49 17

문제 이해하기

• 덧셈식 만들기: 가장 큰 수인 66이 합이 되도록 나머지 두 수 49와 17을 더합니다.
• 뺄셈식 만들기: 가장 큰 수인 66에서 나머지 두 수 49와 17을 각각 뺍니다.

답구하기

$49 + 17 = 66$ | $66 - 49 = 17$
$17 + 49 = 66$ | $66 - 17 = 49$

119

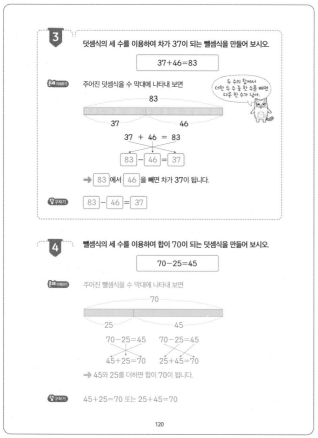

3

덧셈식의 세 수를 이용하여 차가 37이 되는 뺄셈식을 만들어 보시오.

$37 + 46 = 83$

문제 이해하기

주어진 덧셈식을 수 막대에 나타내 보면

두 수의 합에서 더한 두 수 중 한 수를 빼면 다른 한 수가 나와.

83
37   46

$37 + 46 = 83$

$83 - 46 = 37$

➡ 83 에서 46 을 빼면 차가 37이 됩니다.

답구하기

$83 - 46 = 37$

4

뺄셈식의 세 수를 이용하여 합이 70이 되는 덧셈식을 만들어 보시오.

$70 - 25 = 45$

문제 이해하기

주어진 뺄셈식을 수 막대에 나타내 보면

70
25   45

$70 - 25 = 45$ | $70 - 25 = 45$
$45 + 25 = 70$ | $25 + 45 = 70$

➡ 45와 25를 더하면 합이 70이 됩니다.

답구하기

$45 + 25 = 70$ 또는 $25 + 45 = 70$

120

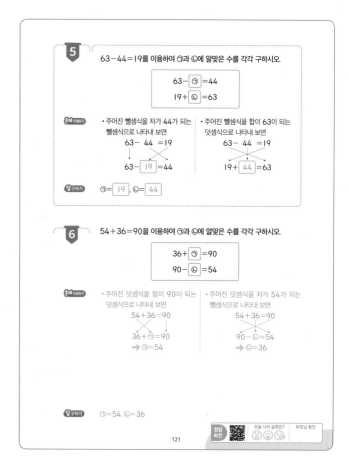

5

$63 - 44 = 19$를 이용하여 ㉠과 ㉡에 알맞은 수를 각각 구하시오.

$63 - ㉠ = 44$
$19 + ㉡ = 63$

문제 이해하기

• 주어진 뺄셈식을 차가 44가 되는 뺄셈식으로 나타내 보면

$63 - 44 = 19$
$63 - 19 = 44$

• 주어진 뺄셈식을 합이 63이 되는 덧셈식으로 나타내 보면

$63 - 44 = 19$
$19 + 44 = 63$

답구하기

㉠= 19 , ㉡= 44

6

$54 + 36 = 90$을 이용하여 ㉠과 ㉡에 알맞은 수를 각각 구하시오.

$36 + ㉠ = 90$
$90 - ㉡ = 54$

문제 이해하기

• 주어진 덧셈식을 합이 90이 되는 덧셈식으로 나타내 보면

$54 + 36 = 90$
$36 + ㉠ = 90$
➡ ㉠ = 54

• 주어진 덧셈식을 차가 54가 되는 뺄셈식으로 나타내 보면

$54 + 36 = 90$
$90 - ㉡ = 54$
➡ ㉡ = 36

답구하기

㉠=54, ㉡=36

정답확인 오늘 나의 실력은? 부모님 확인

121

재미있는 **수학 놀이터**

보물 상자를 열어라!

해적 라라가 바닷가에서 금은보화를 발견했어요. ㉠, ㉡, ㉢, ㉣에 들어갈 도형이 바로 상자를 여는 암호랍니다. 편지에 적힌 식을 풀어 보물 상자를 열어 볼까요?

37   15   52
28   65

28 ▲ +37 ● =65 ㉠
37 ● +28 ▲ =65 ♥ ㉡
65 ♥ −28 ▲ =37 ㉢
65 ♥ −37 ● =28 ▲ ㉣

두 번째 식과 네 번째 식은 계산할 필요가 없군!

122

28

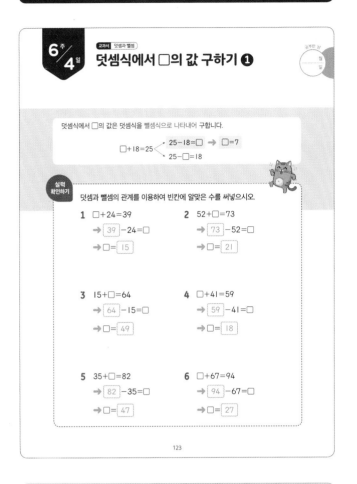

6주 4일

교과서 덧셈과 뺄셈

덧셈식에서 □의 값 구하기 ❶

덧셈식에서 □의 값은 덧셈식을 뺄셈식으로 나타내어 구합니다.

$$□+18=25 \begin{cases} 25-18=□ \to □=7 \\ 25-□=18 \end{cases}$$

실력 확인하기

덧셈과 뺄셈의 관계를 이용하여 빈칸에 알맞은 수를 써넣으시오.

1 □+24=39
→ 39 −24=□
→ □= 15

2 52+□=73
→ 73 −52=□
→ □= 21

3 15+□=64
→ 64 −15=□
→ □= 49

4 □+41=59
→ 59 −41=□
→ □= 18

5 35+□=82
→ 82 −35=□
→ □= 47

6 □+67=94
→ 94 −67=□
→ □= 27

123

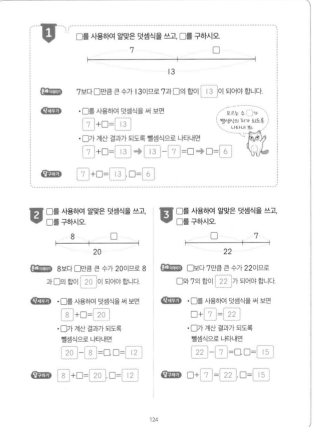

1 □를 사용하여 알맞은 덧셈식을 쓰고, □를 구하시오.

문제 이해하기 7보다 □만큼 큰 수가 13이므로 7과 □의 합이 13 이 되어야 합니다.

식세우기 • □를 사용하여 덧셈식을 써 보면
7 +□= 13

• □가 계산 결과가 되도록 뺄셈식으로 나타내면
7 +□= 13 → 13 − 7 =□ → □= 6

답구하기 7 +□= 13 , □= 6

2 □를 사용하여 알맞은 덧셈식을 쓰고, □를 구하시오.

문제 이해하기 8보다 □만큼 큰 수가 20이므로 8과 □의 합이 20 이 되어야 합니다.

식세우기 • □를 사용하여 덧셈식을 써 보면
8 +□= 20

• □가 계산 결과가 되도록 뺄셈식으로 나타내면
20 − 8 =□ □= 12

답구하기 8 +□= 20 , □= 12

3 □를 사용하여 알맞은 덧셈식을 쓰고, □를 구하시오.

문제 이해하기 □보다 7만큼 큰 수가 22이므로 □와 7의 합이 22 가 되어야 합니다.

식세우기 • □를 사용하여 덧셈식을 써 보면
□+ 7 = 22

• □가 계산 결과가 되도록 뺄셈식으로 나타내면
22 − 7 =□ □= 15

답구하기 □+ 7 = 22 , □= 15

124

4 그림을 보고 □를 사용하여 알맞은 덧셈식을 쓰고, □를 구하시오.

문제 이해하기 구슬 9 개에 몇 개를 더했더니 18 개가 되었습니다.

식세우기 • □를 사용하여 덧셈식을 써 보면 9 +□= 18

• □가 계산 결과가 되도록 뺄셈식으로 나타내면
9 +□= 18 → 18 − 9 =□ □= 9

답구하기 9 +□= 18 , □= 9

5 그림을 보고 □를 사용하여 알맞은 덧셈식을 쓰고, □를 구하시오.

문제 이해하기 구슬 4 개에 몇 개를 더했더니 9 개가 되었습니다.

식세우기 • □를 사용하여 덧셈식을 써 보면
4 +□= 9

• □가 계산 결과가 되도록 뺄셈식으로 나타내면
9 − 4 =□ □= 5

답구하기 4 +□= 9 , □= 5

6 그림을 보고 □를 사용하여 알맞은 덧셈식을 쓰고, □를 구하시오.

문제 이해하기 구슬 몇 개에 6 개를 더했더니 12 개가 되었습니다.

식세우기 • □를 사용하여 덧셈식을 써 보면
□+ 6 = 12

• □가 계산 결과가 되도록 뺄셈식으로 나타내면
12 − 6 =□ □= 6

답구하기 □+ 6 = 12 , □= 6

125

재미있는 수학 놀이터

재미있는 물감 놀이

두 가지 색을 섞으면 새로운 색을 만들 수 있어요. 섞이는 두 색의 번호를 더하면 섞은 색의 번호가 돼요. 파란색과 빨간색, 보라색의 번호를 알아보고, 물감에 알맞게 써넣어 보세요.

67 + 12 = 79

12 + 42 = 54

42 + 67 = 109

126

29

6주 5일

교과서 덧셈과 뺄셈

덧셈식에서 □의 값 구하기 ❷

1 수민이가 딸기밭에서 딸기를 9개 땄습니다. 딸기를 몇 개 더 땄더니 모두 15개가 되었다면 수민이가 더 딴 딸기는 몇 개입니까?

문제 이해하기

딸기의 수를 그림으로 나타내 보면

9 □

15

식 세우기

• 더 딴 딸기 수를 □로 나타내어 덧셈식을 써 보면 $9 + □ = 15$

• □가 계산 결과가 되도록 뺄셈식으로 나타내면

$9 + □ = 15 \rightarrow 15 - 9 = □, □ = 6$

답 구하기 6 개

2 준호와 누나가 가지고 있는 딱지는 모두 11장입니다. 누나가 가지고 있는 딱지가 4장이라면 준호가 가지고 있는 딱지는 몇 장입니까?

문제 이해하기

딱지의 수를 그림으로 나타내 보면

□ 4

11

식 세우기

• 준호가 가지고 있는 딱지의 수를 □로 나타내어 덧셈식을 써 보면

$□ + 4 = 11$

• □가 계산 결과가 되도록 뺄셈식으로 나타내면

$□ + 4 = 11 \rightarrow 11 - 4 = □, □ = 7$

답 구하기 7장

127

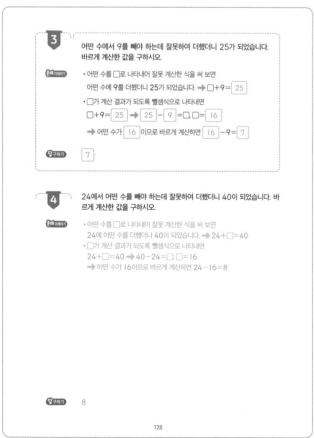

3 어떤 수에서 9를 빼야 하는데 잘못하여 더했더니 25가 되었습니다. 바르게 계산한 값을 구하시오.

문제 이해하기

• 어떤 수를 □로 나타내어 잘못 계산한 식을 써 보면

어떤 수에 9를 더했더니 25가 되었습니다. $\rightarrow □ + 9 = 25$

• □가 계산 결과가 되도록 뺄셈식으로 나타내면

$□ + 9 = 25 \rightarrow 25 - 9 = □, □ = 16$

$\rightarrow$ 어떤 수가 16 이므로 바르게 계산하면 $16 - 9 = 7$

답 구하기 7

4 24에서 어떤 수를 빼야 하는데 잘못하여 더했더니 40이 되었습니다. 바르게 계산한 값을 구하시오.

문제 이해하기

• 어떤 수를 □로 나타내어 잘못 계산한 식을 써 보면

24에 어떤 수를 더했더니 40이 되었습니다. $\rightarrow 24 + □ = 40$

• □가 계산 결과가 되도록 뺄셈식으로 나타내면

$24 + □ = 40 \rightarrow 40 - 24 = □, □ = 16$

$\rightarrow$ 어떤 수가 16이므로 바르게 계산하면 $24 - 16 = 8$

답 구하기 8

128

5 십의 자리 숫자가 3인 두 자리 수 중 □ 안에 들어갈 수 있는 수를 모두 구하시오.

$$26 + □ > 62$$

문제 이해하기

$26 + □$의 합이 62가 될 때 □의 값을 알아보면

$26 + □ = 62 \rightarrow 62 - 26 = □,$

$□ = 36$

$\rightarrow 26 + 36 = 62$이므로 $26 + □$가 62보다 크려면

□는 36 보다 (작아야 , (커야)) 합니다.

덧셈식을 뺄셈식으로 나타내면 □를 구할 수 있어.

답 구하기 37 , 38 , 39

6 십의 자리 숫자가 5인 두 자리 수 중 □ 안에 들어갈 수 있는 수를 모두 구하시오.

$$□ + 19 < 72$$

문제 이해하기

$□ + 19$의 합이 72가 될 때 □의 값을 알아보면

$□ + 19 = 72 \rightarrow 72 - 19 = □, □ = 53$

$\rightarrow 53 + 19 = 72$가 되므로 $□ + 19$가 72보다 작으려면 □는 53보다 작아야 합니다.

답 구하기 50, 51, 52

129

재미있는 수학 놀이터

비눗방울 덧셈

하나의 비눗방울 안에 있는 수들의 합은 같아요. 빈칸에는 어떤 수가 들어가야 할까요? 알맞은 수를 써 보세요.

130

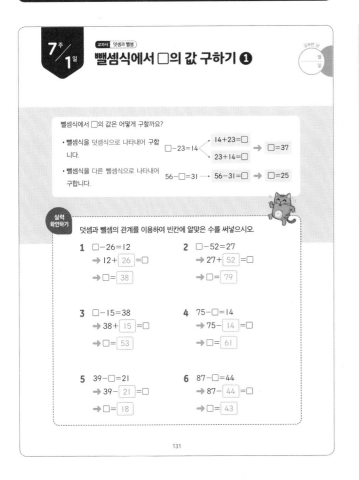

7주 1일

교과서 덧셈과 뺄셈

뺄셈식에서 □의 값 구하기 ❶

뺄셈식에서 □의 값을 어떻게 구할까요?

• 뺄셈식을 덧셈식으로 나타내어 구합니다.

□−23=14 → 14+23=□ / 23+14=□ → □=37

• 뺄셈식을 다른 뺄셈식으로 나타내어 구합니다.

56−□=31 → 56−31=□ → □=25

실력 확인하기 덧셈과 뺄셈의 관계를 이용하여 빈칸에 알맞은 수를 써넣으시오.

1 □−26=12
→ 12+ 26 =□
→ □= 38

2 □−52=27
→ 27+ 52 =□
→ □= 79

3 □−15=38
→ 38+ 15 =□
→ □= 53

4 75−□=14
→ 75− 14 =□
→ □= 61

5 39−□=21
→ 39− 21 =□
→ □= 18

6 87−□=44
→ 87− 44 =□
→ □= 43

131

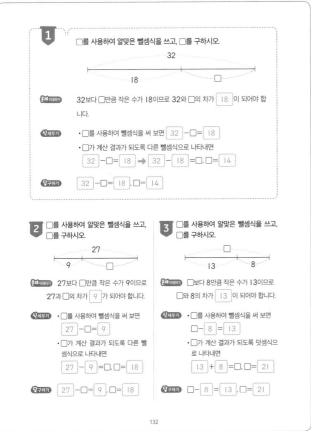

1 □를 사용하여 알맞은 뺄셈식을 쓰고, □를 구하시오.

32
18 □

문제 이해하기 32보다 □만큼 작은 수가 18이므로 32와 □의 차가 18 이 되어야 합니다.

식 세우기
• □를 사용하여 뺄셈식을 써 보면 32 − □ = 18
• □가 계산 결과가 되도록 다른 뺄셈식으로 나타내면
32 − 18 → 32 − 18 =□, □ 14

구하기 32 −□= 18 , □= 14

2 □를 사용하여 알맞은 뺄셈식을 쓰고, □를 구하시오.

27
9 □

문제 이해하기 27보다 □만큼 작은 수가 9이므로 27과 □의 차가 9 가 되어야 합니다.

식 세우기
• □를 사용하여 뺄셈식을 써 보면 27 − □ = 9
• □가 계산 결과가 되도록 다른 뺄셈식으로 나타내면
27 − 9 =□, □= 18

구하기 27 −□= 9 , □= 18

3 □를 사용하여 알맞은 뺄셈식을 쓰고, □를 구하시오.

13 8

문제 이해하기 □보다 8만큼 작은 수가 13이므로 □와 8의 차가 13 이 되어야 합니다.

식 세우기
• □를 사용하여 뺄셈식을 써 보면 □ − 8 = 13
• □가 계산 결과가 되도록 덧셈식으로 나타내면
13 + 8 =□, □= 21

구하기 □ − 8 = 13 , □= 21

132

4 그림을 보고 □를 사용하여 알맞은 뺄셈식을 쓰고, □를 구하시오.

문제 이해하기 구슬 15 개에서 몇 개를 뺐더니 8 개가 되었습니다.

식 세우기
• □를 사용하여 뺄셈식을 써 보면 15 −□= 8
• □가 계산 결과가 되도록 다른 뺄셈식으로 나타내면
15 −□= 8 → 15 − 8 =□ 7

구하기 15 −□= 8 , □= 7

5 그림을 보고 □를 사용하여 알맞은 뺄셈식을 쓰고, □를 구하시오.

문제 이해하기 구슬 9 개에서 몇 개를 뺐더니 4 개가 되었습니다.

식 세우기
• □를 사용하여 뺄셈식을 써 보면 9 −□= 4
• □가 계산 결과가 되도록 다른 뺄셈식으로 나타내면
9 − 4 =□, □= 5

구하기 9 −□= 4 , □= 5

6 그림을 보고 □를 사용하여 알맞은 뺄셈식을 쓰고, □를 구하시오.

문제 이해하기 구슬 16 개에서 몇 개를 뺐더니 7 개가 되었습니다.

식 세우기
• □를 사용하여 뺄셈식을 써 보면 16 −□= 7
• □가 계산 결과가 되도록 다른 뺄셈식으로 나타내면
16 − 7 =□, □= 9

구하기 16 −□= 7 , □= 9

정답 확인 / 오늘 나의 실력은? / 부모님 확인

133

게임하는 수학 놀이터

가격표를 붙여요

여기는 사탕 가게. 친구들이 먹고 싶은 사탕과 젤리, 초콜릿을 쟁반에 담았어요. 그런데 가격이 안 써 있는 가격표가 있네요. 여러분이 가격표를 바르게 채워 주세요.

40 원   30원   50 원   70 원

우리 두 개씩 고르자.   좋아! 다 담았어.   하나씩은 얼마지?

110원   80원   120원
40+70   30+50   70+50

• 80원에서 초콜릿의 가격을 빼면 초록색 사탕의 가격을 알 수 있어요.

134

31

7주 2일

교과서 덧셈과 뺄셈

뺄셈식에서 □의 값 구하기 ❷

공부한 날 월 일

1 빵을 몇 개 만들어서 12개를 팔았더니 19개가 남았습니다. 빵을 몇 개 만들었는지 □를 사용하여 식을 만들고 답을 구하시오.

문제 이해하기

만든 빵의 수를 그림으로 나타내 보면

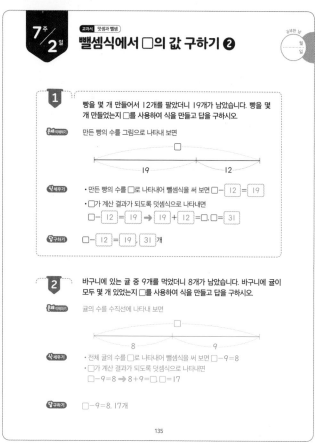

□

19   12

식 세우기

• 만든 빵의 수를 □로 나타내어 뺄셈식을 써 보면 □ − 12 = 19

• □가 계산 결과가 되도록 덧셈식으로 나타내면
□ − 12 = 19 ➡ 19 + 12 = □, □ = 31

답 구하기

□ − 12 = 19 , 31 개

2 바구니에 있는 귤 중 9개를 먹었더니 8개가 남았습니다. 바구니에 귤이 모두 몇 개 있었는지 □를 사용하여 식을 만들고 답을 구하시오.

문제 이해하기

귤의 수를 수직선에 나타내 보면

8   9

식 세우기

• 전체 귤의 수를 □로 나타내어 뺄셈식을 써 보면 □ − 9 = 8

• □가 계산 결과가 되도록 덧셈식으로 나타내면
□ − 9 = 8 ➡ 8 + 9 = □, □ = 17

답 구하기

□ − 9 = 8, 17개

135

3 어떤 수에 7을 더해야 하는데 잘못하여 뺐더니 16이 되었습니다. 바르게 계산한 값을 구하시오.

문제 이해하기

• 어떤 수를 □로 나타내어 잘못 계산한 식을 써 보면
어떤 수에서 7을 뺐더니 16이 되었습니다. ➡ □ − 7 = 16

• □가 계산 결과가 되도록 덧셈식으로 나타내면
□ − 7 = 16 ➡ 16 + 7 = □, □ = 23

➡ 어떤 수가 23 이므로 바르게 계산하면 23 + 7 = 30

답 구하기

30

4 45에 어떤 수를 더해야 하는데 잘못하여 뺐더니 27이 되었습니다. 바르게 계산한 값을 구하시오.

문제 이해하기

• 어떤 수를 □로 나타내어 잘못 계산한 식을 써 보면
45에서 어떤 수를 뺐더니 27이 되었습니다. ➡ 45 − □ = 27

• □가 계산 결과가 되도록 다른 뺄셈식으로 나타내면
45 − □ = 27 ➡ 45 − 27 = □, □ = 18

➡ 어떤 수가 18이므로 바르게 계산하면 45 + 18 = 63

답 구하기

63

136

5 십의 자리 숫자가 8인 두 자리 수 중 □ 안에 들어갈 수 있는 수를 모두 구하시오.

□ − 49 < 34

문제 이해하기

□ − 49의 차가 34가 될 때 □의 값을 알아보면
□ − 49 = 34 ➡ 34 + 49 = □, □ = 83

➡ 83 − 49 = 34이므로 □ − 49가 34보다 작으려면
□는 83 보다 (작아야 , 커야) 합니다.

답 구하기

80 , 81 , 82

6 십의 자리 숫자가 2인 두 자리 수 중 □ 안에 들어갈 수 있는 수를 모두 구하시오.

60 − □ < 33

문제 이해하기

60 − □의 차가 33이 될 때 □의 값을 알아보면
60 − □ = 33 ➡ 60 − 33 = □, □ = 27

➡ 60 − 27 = 33이므로 60 − □가 33보다 작으려면 □는 27보다 커야 합니다.

답 구하기

28, 29

137

재미있는 수학놀이터

싹둑싹둑 머리카락 다듬는 날

승희가 언니와 동생과 함께 머리카락을 자르러 미용실에 갔어요. 자르기 전에 머리카락이 가장 길었던 사람에 ◯표 하세요.

25 cm가 됐네요.

자르기 전 길이: 40 cm

15 cm 잘랐어요.

언니

자르기 전 길이: 45 cm

12 cm 잘랐어요.

33 cm가 됐네요.

승희

20 cm 잘랐어요.

22 cm가 됐네요.

자르기 전 길이: 42 cm

동생

138

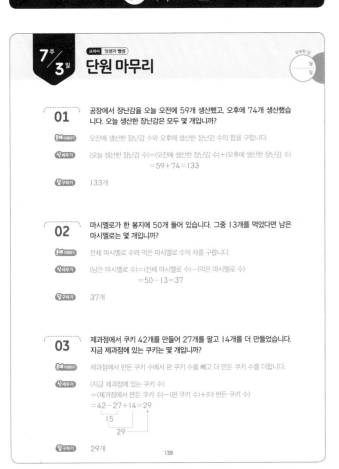

7주 3일 교과서 덧셈과 뺄셈 **단원 마무리**

01 공장에서 장난감을 오늘 오전에 59개 생산했고, 오후에 74개 생산했습니다. 오늘 생산한 장난감은 모두 몇 개입니까?

문제 이해하기 오전에 생산한 장난감 수와 오후에 생산한 장난감 수의 합을 구합니다.

식 세우기 (오늘 생산한 장난감 수)=(오전에 생산한 장난감 수)+(오후에 생산한 장난감 수)
=59+74=133

답 구하기 133개

02 마시멜로가 한 봉지에 50개 들어 있습니다. 그중 13개를 먹었다면 남은 마시멜로는 몇 개입니까?

문제 이해하기 전체 마시멜로 수와 먹은 마시멜로 수의 차를 구합니다.

식 세우기 (남은 마시멜로 수)=(전체 마시멜로 수)-(먹은 마시멜로 수)
=50-13=37

답 구하기 37개

03 제과점에서 쿠키 42개를 만들어 27개를 팔고 14개를 더 만들었습니다. 지금 제과점에 있는 쿠키는 몇 개입니까?

문제 이해하기 제과점에서 만든 쿠키 수에서 판 쿠키 수를 빼고 더 만든 쿠키 수를 더합니다.

식 세우기 (지금 제과점에 있는 쿠키 수)
=(제과점에서 만든 쿠키 수)-(판 쿠키 수)+(더 만든 쿠키 수)
=42-27+14=29
15
29

답 구하기 29개

139

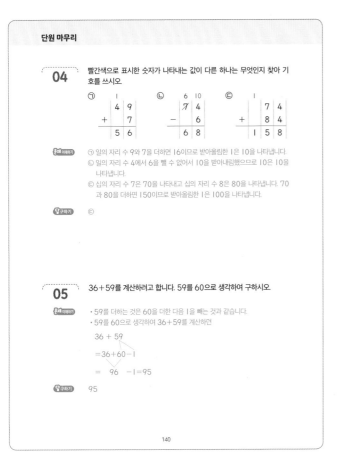

단원 마무리

04 빨간색으로 표시한 숫자가 나타내는 값이 다른 하나는 무엇인지 찾아 기호를 쓰시오.

ⓐ
1
4 9
+ 7
5 6

ⓑ
6 10
7 4
- 6
6 8

ⓒ
1
7 4
+ 8 4
1 5 8

문제 이해하기 ⓐ 일의 자리 수 9와 7을 더하면 16이므로 받아올림한 1은 10을 나타냅니다.
ⓑ 일의 자리 수 4에서 6을 뺄 수 없어서 10을 받아내림했으므로 10은 10을 나타냅니다.
ⓒ 십의 자리 수 7은 70을 나타내고 십의 자리 수 8은 80을 나타냅니다. 70과 80을 더하면 150이므로 받아올림한 1은 100을 나타냅니다.

답 구하기 ⓒ

05 36+59를 계산하려고 합니다. 59를 60으로 생각하여 구하시오.

문제 이해하기 · 59를 더하는 것은 60을 더한 다음 1을 빼는 것과 같습니다.
· 59를 60으로 생각하여 36+59를 계산하면

36 + 59
=36+60-1
= 96 -1=95

답 구하기 95

140

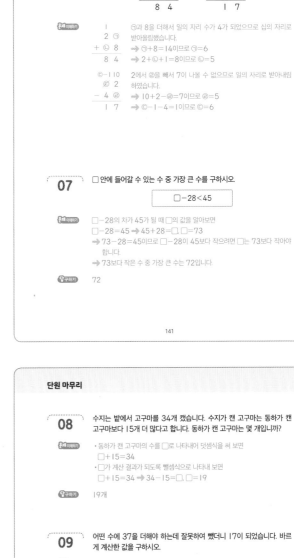

교과서 덧셈과 뺄셈

06 빈칸에 알맞은 수를 써넣으시오.

답 구하기
```
    2 6
  + 5 8
  ─────
    8 4
```
```
    6 2
  - 4 5
  ─────
    1 7
```

문제 이해하기
```
    1
    2 ㉠
  + ㉡ 8
  ─────
    8 4
```
➡ ㉠과 8을 더해서 일의 자리 수가 4가 되었으므로 십의 자리로 받아올림했습니다.
➡ ㉠+8=14이므로 ㉠=6
➡ 2+㉡+1=8이므로 ㉡=5

```
    ㉢-1 10
    ㉣  2
  - 4 ㉤
  ─────
    1 7
```
➡ 2에서 ㉤을 빼서 7이 나올 수 없으므로 일의 자리로 받아내림 하였습니다.
➡ 10+2-㉤=7이므로 ㉤=5
➡ ㉢-1-4=1이므로 ㉢=6

07 □ 안에 들어갈 수 있는 수 중 가장 큰 수를 구하시오.

□-28<45

문제 이해하기 □-28의 차가 45가 될 때 □의 값을 알아보면
□-28=45 ➡ 45+28=□, □=73
➡ 73-28=45이므로 □-28이 45보다 작으려면 □는 73보다 작아야 합니다.
➡ 73보다 작은 수 중 가장 큰 수는 72입니다.

답 구하기 72

141

단원 마무리

08 수지는 밭에서 고구마를 34개 캤습니다. 수지가 캔 고구마는 동하가 캔 고구마보다 15개 더 많다고 합니다. 동하가 캔 고구마는 몇 개입니까?

문제 이해하기 · 동하가 캔 고구마의 수를 □로 나타내어 덧셈식을 써 보면
□+15=34
· □가 계산 결과가 되도록 뺄셈식으로 나타내 보면
□+15=34 ➡ 34-15=□, □=19

답 구하기 19개

09 어떤 수에 37을 더해야 하는데 잘못하여 뺐더니 17이 되었습니다. 바르게 계산한 값을 구하시오.

문제 이해하기 · 어떤 수를 □로 나타내어 잘못 계산한 식을 써 보면
어떤 수에서 37을 뺐더니 17이 되었습니다. ➡ □-37=17
· □가 계산 결과가 되도록 덧셈식으로 나타내면
□-37=17 ➡ 17+37=□, □=54
· 어떤 수가 54이므로 바르게 계산하면
54+37=91

답 구하기 91

10 ○ 안에 + 또는 -를 넣어 식을 완성하시오.

답 구하기 65 ⊖ 28 ⊕ 17=54

문제 이해하기 계산 결과인 54가 65보다 작으므로 두 개의 ○ 안에 모두 +가 들어갈 수는 없습니다.
첫 번째 ○에 -를 넣어 앞의 두 수를 먼저 계산해 보면
65-28○17=54 ➡ 37○17=54
37+17=54이므로 두 번째 ○ 안에는 +가 들어가야 합니다.

142

7주 4일 교과서 공생 **묶어 세기, 몇씩 몇 묶음 ❶**

12를 3씩 묶으면 4묶음입니다.

| 3 | 6 | 9 | 12 |

12를 4씩 묶으면 3묶음입니다.

| 4 | 8 | 12 |

실력 확인하기 그림을 보고 빈칸에 알맞은 수를 써넣으시오.

1 2씩 5 묶음

| 2 | 4 | 6 | 8 | 10 |

2 3씩 5 묶음

| 3 | 6 | 9 | 12 | 15 |

3 6씩 3 묶음

| 6 | 12 | 18 |

4 7씩 3 묶음

| 7 | 14 | 21 |

145

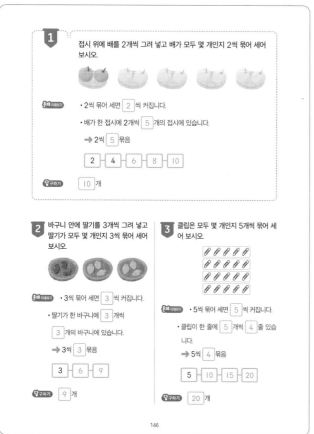

1 접시 위에 배를 2개씩 그려 넣고 배가 모두 몇 개인지 2씩 묶어 세어 보시오.

문제 이해하기
• 2씩 묶어 세면 2 씩 커집니다.
• 배가 한 접시에 2개씩 5 개의 접시에 있습니다.
→ 2씩 5 묶음

| 2 | 4 | 6 | 8 | 10 |

답구하기 10 개

2 바구니 안에 딸기를 3개씩 그려 넣고 딸기가 모두 몇 개인지 3씩 묶어 세어 보시오.

문제 이해하기
• 3씩 묶어 세면 3 씩 커집니다.
• 딸기가 한 바구니에 3 개씩 3 개의 바구니에 있습니다.
→ 3씩 3 묶음

| 3 | 6 | 9 |

답구하기 9 개

3 클립은 모두 몇 개인지 5개씩 묶어 세어 보시오.

문제 이해하기
• 5씩 묶어 세면 5 씩 커집니다.
• 클립이 한 줄에 5 개씩 4 줄 있습니다.
→ 5씩 4 묶음

| 5 | 10 | 15 | 20 |

답구하기 20 개

146

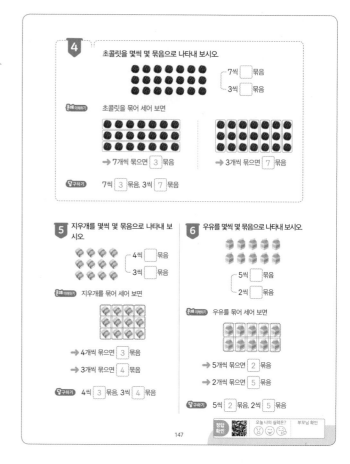

4 초콜릿을 몇씩 몇 묶음으로 나타내 보시오.

7씩 ☐ 묶음
3씩 ☐ 묶음

문제 이해하기 초콜릿을 묶어 세어 보면

→ 7개씩 묶으면 3 묶음
→ 3개씩 묶으면 7 묶음

답구하기 7씩 3 묶음, 3씩 7 묶음

5 지우개를 몇씩 몇 묶음으로 나타내 보시오.

4씩 ☐ 묶음
3씩 ☐ 묶음

문제 이해하기 지우개를 묶어 세어 보면

→ 4개씩 묶으면 3 묶음
→ 3개씩 묶으면 4 묶음

답구하기 4씩 3 묶음, 3씩 4 묶음

6 우유를 몇씩 몇 묶음으로 나타내 보시오.

5씩 ☐ 묶음
2씩 ☐ 묶음

문제 이해하기 우유를 묶어 세어 보면

→ 5개씩 묶으면 2 묶음
→ 2개씩 묶으면 5 묶음

답구하기 5씩 2 묶음, 2씩 5 묶음

147

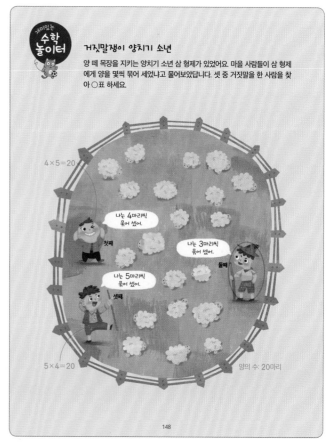

재미있는 수학놀이터 거짓말쟁이 양치기 소년

양 떼 목장을 지키는 양치기 소년 삼 형제가 있었어요. 마을 사람들이 삼 형제에게 양을 몇씩 묶어 세었냐고 물어보았답니다. 셋 중 거짓말을 한 사람을 찾아 ○표 하세요.

4×5=20

나는 4마리씩 묶어 셌어. 첫째

나는 3마리씩 묶어 셌어. 둘째

나는 5마리씩 묶어 셌어. 셋째

5×4=20

양의 수: 20마리

148

34

7주 5일 교과서 곱셈

묶어 세기, 몇씩 몇 묶음 ❷

1 복숭아의 수를 바르게 센 것을 모두 찾아 기호를 쓰시오.

> ㉠ 6개씩 묶으면 3묶음이 됩니다.
> ㉡ 2씩 8묶음입니다.
> ㉢ 3+3+3+3+3+3으로 나타낼 수 있습니다.

문제 이해하기

㉠ 복숭아를 6개씩 묶으면 **3** 묶음

㉡ 복숭아를 2개씩 묶으면 **9** 묶음 → 2씩 **9** 묶음

㉢ 복숭아를 3개씩 묶으면 **6** 묶음 → 3+3+3+3+3+3

답구하기 **㉠**, **㉢**

2 종이배의 수를 바르게 센 것을 찾아 기호를 쓰시오.

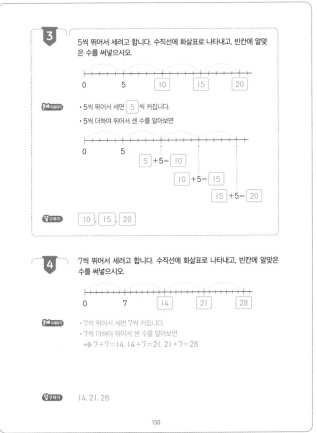

> ㉠ 3+3+3으로 나타낼 수 있습니다.
> ㉡ 4개씩 묶으면 4묶음이 됩니다.
> ㉢ 6씩 2묶음입니다.

문제 이해하기

㉠ 종이배를 3개씩 묶으면 4묶음
→ 3+3+3+3

㉡ 종이배를 4개씩 묶으면 3묶음

㉢ 종이배를 6개씩 묶으면 2묶음
→ 6씩 2묶음

답구하기 **㉢**

---

3 5씩 뛰어서 세려고 합니다. 수직선에 화살표로 나타내고, 빈칸에 알맞은 수를 써넣으시오.

0 5 **10** **15** **20**

문제 이해하기

• 5씩 뛰어서 세면 **5** 씩 커집니다.

• 5씩 더하여 뛰어서 센 수를 알아보면

0 5

5 +5= **10**

10 +5= **15**

15 +5= **20**

답구하기 **10**, **15**, **20**

4 7씩 뛰어서 세려고 합니다. 수직선에 화살표로 나타내고, 빈칸에 알맞은 수를 써넣으시오.

0 7 **14** **21** **28**

문제 이해하기

• 7씩 뛰어서 세면 7씩 커집니다.

• 7씩 더하여 뛰어서 센 수를 알아보면
→ 7+7=14, 14+7=21, 21+7=28

답구하기 14, 21, 28

---

5 도토리는 몇씩 몇 묶음인지 서로 다른 세 가지 방법으로 나타내어 보시오.

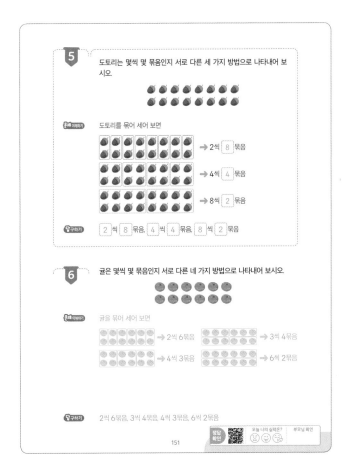

문제 이해하기 도토리를 묶어 세어 보면

→ 2씩 **8** 묶음

→ 4씩 **4** 묶음

→ 8씩 **2** 묶음

답구하기 **2** 씩 **8** 묶음, **4** 씩 **4** 묶음, **8** 씩 **2** 묶음

6 귤은 몇씩 몇 묶음인지 서로 다른 네 가지 방법으로 나타내어 보시오.

문제 이해하기 귤을 묶어 세어 보면

→ 2씩 6묶음   → 3씩 4묶음

→ 4씩 3묶음   → 6씩 2묶음

답구하기 2씩 6묶음, 3씩 4묶음, 4씩 3묶음, 6씩 2묶음

재미있는 수학 놀이터

즐거운 윷놀이

수혁이와 설아가 윷놀이를 하고 있어요. 수혁이는 던질 때마다 윷이 나오고, 설아는 던질 때마다 걸이 나오네요. 윷놀이 판에서 두 사람의 말이 모두 멈췄던 칸을 찾아 ○표 하세요.

윷이 나오면 네 칸, 걸이 나오면 세 칸 앞으로 말을 움직여.

나는 4칸씩 간다!

나는 걸만 나오네.

수혁   설아

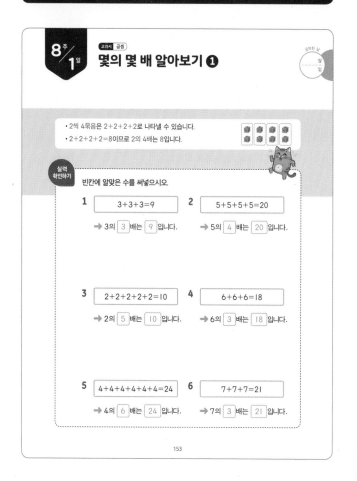

8/1일 교과서 곱셈

몇의 몇 배 알아보기 ❶

공부한 날
월 일

- 2씩 4묶음은 2+2+2+2로 나타낼 수 있습니다.
- 2+2+2+2=8이므로 2의 4배는 8입니다.

실력 확인하기

빈칸에 알맞은 수를 써넣으시오.

1
3+3+3=9
➡ 3의 3 배는 9 입니다.

2
5+5+5+5=20
➡ 5의 4 배는 20 입니다.

3
2+2+2+2+2=10
➡ 2의 5 배는 10 입니다.

4
6+6+6=18
➡ 6의 3 배는 18 입니다.

5
4+4+4+4+4+4=24
➡ 4의 6 배는 24 입니다.

6
7+7+7=21
➡ 7의 3 배는 21 입니다.

4
정우는 사탕을 2개 가지고 있고, 희수는 정우의 4배를 가지고 있습니다. 희수가 가진 사탕은 모두 몇 개입니까?

문제 이해하기 정우와 희수가 가진 사탕을 그림으로 나타내 보면

정우   희수

회수가 가진 사탕 수: 2의 4 배

➡ 2를 4 번 더하면 2 + 2 + 2 + 2 = 8

답구하기 8 개

5 윤지는 연결큐브를 3개 가지고 있고, 세호는 윤지의 4배를 가지고 있습니다. 세호가 가진 연결큐브는 몇 개입니까?

문제 이해하기

윤지   세호

세호가 가진 연결큐브 수: 3의 4 배

➡ 3을 4 번 더하면
3 + 3 + 3 + 3
= 12

답구하기 12 개

6 민호는 연필을 4자루 가지고 있고, 소율이는 민호의 3배를 가지고 있습니다. 소율이가 가진 연필은 몇 자루입니까?

문제 이해하기

민호   소율

소율이가 가진 연필 수: 4의 3 배

➡ 4를 3 번 더하면
4 + 4 + 4 = 12

답구하기 12 자루

---

1 20은 4의 몇 배입니까?

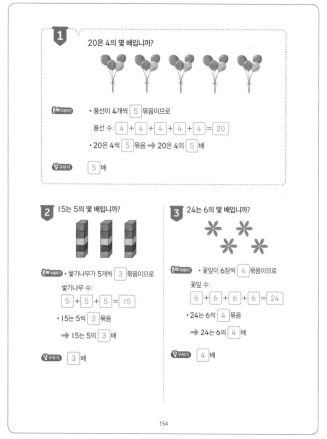

문제 이해하기
- 풍선이 4개씩 5 묶음이므로
  풍선 수: 4 + 4 + 4 + 4 + 4 = 20
- 20은 4씩 5 묶음 ➡ 20은 4의 5 배

답구하기 5 배

2 15는 5의 몇 배입니까?

문제 이해하기 · 쌓기나무가 5개씩 3 묶음이므로
쌓기나무 수:
5 + 5 + 5 = 15
· 15는 5씩 3 묶음
➡ 15는 5의 3 배

답구하기 3 배

3 24는 6의 몇 배입니까?

문제 이해하기 · 꽃잎이 6장씩 4 묶음이므로
꽃잎 수:
6 + 6 + 6 + 6 = 24
· 24는 6씩 4 묶음
➡ 24는 6의 4 배

답구하기 4 배

재미있는 수학 놀이터 엄마의 조각보

엄마가 세모 모양 헝겊을 연결하여 조각보를 만드셨어요. 엄마가 만든 조각보의 크기는 세모 모양 헝겊의 몇 배일까요? 빈칸에 알맞은 수를 써 보세요.

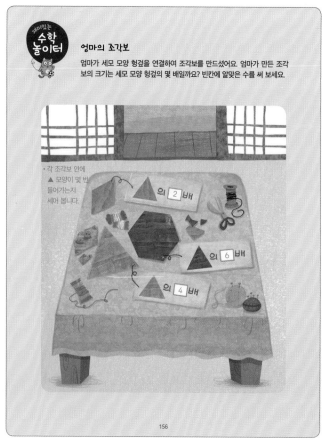

- 각 조각보 안에
  ▲ 모양이 몇 번 들어가는지 세어 봅니다.

의 2 배

의 6 배

의 4 배

8주 / 2일 · 몇의 몇 배 알아보기 ❷

교과서 곱셈

1 파란색 연결큐브의 수는 주황색 연결큐브의 수의 몇 배입니까?

문제 이해하기

• 주황색 연결큐브 수: 4 개

• 파란색 연결큐브 수를 4개씩 뛰어 세어 보면

  4 개씩 4 번입니다.

  ➡ 파란색 연결큐브 수는 주황색 연결큐브 수의 4 배입니다.

구하기 4 배

2 빨간색 테이프의 길이는 노란색 테이프의 길이의 몇 배입니까?

문제 이해하기

• 노란색 테이프 길이: 2칸

• 빨간색 테이프 길이를 2칸씩 뛰어 세어 보면

  2칸씩 5번입니다.

  ➡ 빨간색 테이프 길이는 노란색 테이프 길이의 5배입니다.

구하기 5배

157

3 농구공 수의 4배인 것을 찾아 기호를 쓰시오.

문제 이해하기

농구공이 4개이므로 공을 4개씩 묶어 보면

㉠ 야구공 수: 4씩 3 묶음 ➡ 4의 3 배

㉡ 축구공 수: 4씩 2 묶음 ➡ 4의 2 배

㉢ 테니스공 수: 4씩 4 묶음 ➡ 4의 4 배

구하기 ㉢

4 수박 수의 6배인 것을 찾아 기호를 쓰시오.

문제 이해하기

수박이 2개이므로 과일을 2개씩 묶어 보면

㉠ 귤 수: 2씩 6묶음 ➡ 2의 6배

㉡ 바나나 수: 2씩 4묶음 ➡ 2의 4배

㉢ 사과 수: 2씩 5묶음 ➡ 2의 5배

구하기 ㉠

158

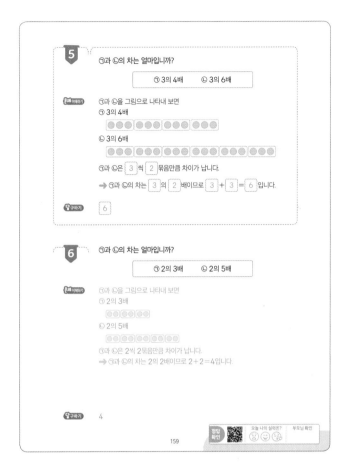

5 ㉠과 ㉡의 차는 얼마입니까?

| ㉠ 3의 4배 | ㉡ 3의 6배 |

문제 이해하기

㉠과 ㉡을 그림으로 나타내 보면

㉠ 3의 4배

㉡ 3의 6배

㉠과 ㉡은 3 씩 2 묶음만큼 차이가 납니다.

➡ ㉠과 ㉡의 차는 3 의 2 배이므로 3 + 3 = 6 입니다.

구하기 6

6 ㉠과 ㉡의 차는 얼마입니까?

| ㉠ 2의 3배 | ㉡ 2의 5배 |

문제 이해하기

㉠과 ㉡을 그림으로 나타내 보면

㉠ 2의 3배

㉡ 2의 5배

㉠과 ㉡은 2씩 2묶음만큼 차이가 납니다.

➡ ㉠과 ㉡의 차는 2의 2배이므로 2+2=4입니다.

구하기 4

159

재미있는 수학 놀이터

초콜릿 한 판 만들기

세 친구가 각기 다른 모양의 초콜릿 조각을 가지고 있네요. 전체 초콜릿 한 판은 친구들이 가지고 있는 초콜릿 조각의 몇 배일까요? 빈칸에 알맞게 써 보세요.

24칸

초콜릿 한 판은 내 초콜릿의 8 배야.

초콜릿 한 판은 내 초콜릿의 6 배야.

초콜릿 한 판은 내 초콜릿의 6 배야.

3 × 8 = 24

4 × 6 = 24

4 × 6 = 24

160

37

8주/3일

교과서 곱셈

곱셈식 ❶

공부한 날
월 일

• 꽃의 수는 4씩 5묶음이므로 4의 5배입니다.
• 4의 5배는 곱셈식으로 4×5라고 씁니다.

➡ 4+4+4+4+4=20

실력 확인하기 빈칸에 알맞은 수를 써넣으시오.

1 2+2+2+2=8
➡ 2× 4 = 8

2 5+5+5+5+5=25
➡ 5× 5 = 25

3 6+6+6+6+6=30
➡ 6× 5 = 30

4 8+8=16
➡ 8× 2 = 16

5 7+7+7+7=28
➡ 7× 4 = 28

6 9+9+9=27
➡ 9× 3 = 27

161

---

1 고깔모자는 모두 몇 개인지 곱셈식으로 나타내어 보시오.

문제 이해하기 고깔모자 수는 3 씩 5 묶음이므로 3 의 5 배

➡ 고깔모자 수를 덧셈식으로 나타내 보면
3 + 3 + 3 + 3 + 3 =15

➡ 고깔모자 수를 곱셈식으로 나타내 보면
3 × 5 = 15

답구하기 3 × 5 = 15

2 바나나는 모두 몇 개인지 곱셈식으로 나타내어 보시오.

문제 이해하기 바나나 수는 4 씩 4 묶음
이므로 4 의 4 배

➡ 바나나 수를 덧셈식으로 나타내 보면
4 + 4 + 4 + 4 =16

➡ 바나나 수를 곱셈식으로 나타내 보면
4 × 4 = 16

답구하기 4 × 4 = 16

3 만두는 모두 몇 개인지 곱셈식으로 나타내어 보시오.

문제 이해하기 만두 수는 7 씩 3 묶음
이므로 7 의 3 배

➡ 만두 수를 덧셈식으로 나타내 보면
7 + 7 + 7 =21

➡ 만두 수를 곱셈식으로 나타내 보면
7 × 3 = 21

답구하기 7 × 3 = 21

162

---

4 소라가 모두 몇 개인지 네 가지 곱셈식으로 나타내어 보시오.

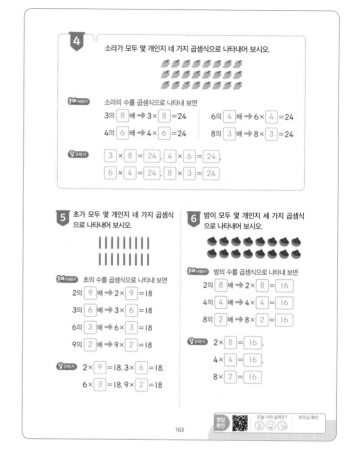

문제 이해하기 소라의 수를 곱셈식으로 나타내 보면

3의 8 배 ➡ 3× 8 =24
6의 4 배 ➡ 6× 4 =24
4의 6 배 ➡ 4× 6 =24
8의 3 배 ➡ 8× 3 =24

답구하기 3 × 8 = 24 , 4 × 6 = 24 ,
6 × 4 = 24 , 8 × 3 = 24

5 초가 모두 몇 개인지 네 가지 곱셈식으로 나타내어 보시오.

문제 이해하기 초의 수를 곱셈식으로 나타내 보면

2의 9 배 ➡ 2× 9 =18
3의 6 배 ➡ 3× 6 =18
6의 3 배 ➡ 6× 3 =18
9의 2 배 ➡ 9× 2 =18

답구하기 2 × 9 =18, 3 × 6 =18,
6 × 3 =18, 9 × 2 =18

6 밤이 모두 몇 개인지 세 가지 곱셈식으로 나타내어 보시오.

문제 이해하기 밤의 수를 곱셈식으로 나타내 보면

2의 8 배 ➡ 2× 8 = 16
4의 4 배 ➡ 4× 4 = 16
8의 2 배 ➡ 8× 2 = 16

답구하기 2 × 8 = 16 ,
4 × 4 = 16 ,
8 × 2 = 16

163

재미있는 수학 놀이터

찾아라! 마트 암호

식료품 마트에서 손님들에게 암호 퀴즈를 냈어요. 빈칸에 들어갈 숫자를 순서대로 배열한 네 자리 암호를 바르게 외쳐야 행운의 주인공이 될 수 있대요. 행운의 주인공에 ○표 하세요.

6× 3   4× 6   3 ×3   2 ×5

3432   3632   3435

164

8주/4일 교과서 곱셈

곱셈식 ❷

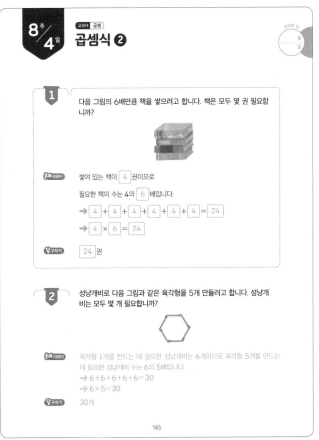

1 다음 그림의 6배만큼 책을 쌓으려고 합니다. 책은 모두 몇 권 필요합니까?

문제 이해하기 쌓여 있는 책이 **4** 권이므로

필요한 책의 수는 4의 **6** 배입니다.

➡ **4** + **4** + **4** + **4** + **4** + **4** = **24**

➡ **4** × **6** = **24**

답구하기 **24** 권

2 성냥개비로 다음 그림과 같은 육각형을 5개 만들려고 합니다. 성냥개비는 모두 몇 개 필요합니까?

문제 이해하기 육각형 1개를 만드는 데 필요한 성냥개비는 6개이므로 육각형 5개를 만드는 데 필요한 성냥개비 수는 6의 5배입니다.
➡ 6+6+6+6+6=30
➡ 6×5=30

답구하기 30개

165

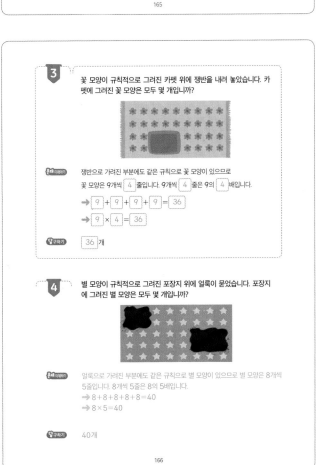

3 꽃 모양이 규칙적으로 그려진 카펫 위에 쟁반을 내려 놓았습니다. 카펫에 그려진 꽃 모양은 모두 몇 개입니까?

문제 이해하기 쟁반으로 가려진 부분에도 같은 규칙으로 꽃 모양이 있으므로 꽃 모양은 9개씩 **4** 줄입니다. 9개씩 **4** 줄은 9의 **4** 배입니다.
➡ **9** + **9** + **9** + **9** = **36**
➡ **9** × **4** = **36**

답구하기 **36** 개

4 별 모양이 규칙적으로 그려진 포장지 위에 얼룩이 묻었습니다. 포장지에 그려진 별 모양은 모두 몇 개입니까?

문제 이해하기 얼룩으로 가려진 부분에도 같은 규칙으로 별 모양이 있으므로 별 모양은 8개씩 5줄입니다. 8개씩 5줄은 8의 5배입니다.
➡ 8+8+8+8+8=40
➡ 8×5=40

답구하기 40개

166

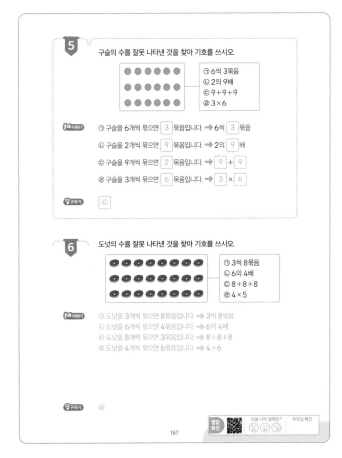

5 구슬의 수를 잘못 나타낸 것을 찾아 기호를 쓰시오.

　ㄱ 6씩 3묶음
　ㄴ 2의 9배
　ㄷ 9+9+9
　ㄹ 3×6

문제 이해하기 ㄱ 구슬을 6개씩 묶으면 **3** 묶음입니다. ➡ 6씩 **3** 묶음

ㄴ 구슬을 2개씩 묶으면 **9** 묶음입니다. ➡ 2의 **9** 배

ㄷ 구슬을 9개씩 묶으면 **2** 묶음입니다. ➡ **9** + **9**

ㄹ 구슬을 3개씩 묶으면 **6** 묶음입니다. ➡ **3** × **6**

답구하기 ㄷ

6 도넛의 수를 잘못 나타낸 것을 찾아 기호를 쓰시오.

　ㄱ 3씩 8묶음
　ㄴ 6의 4배
　ㄷ 8+8+8
　ㄹ 4×5

문제 이해하기 ㄱ 도넛을 3개씩 묶으면 8묶음입니다. ➡ 3씩 8묶음
ㄴ 도넛을 6개씩 묶으면 4묶음입니다. ➡ 6의 4배
ㄷ 도넛을 8개씩 묶으면 3묶음입니다. ➡ 8+8+8
ㄹ 도넛을 4개씩 묶으면 6묶음입니다. ➡ 4×6

답구하기 ㄹ

167

재미있는 **수학놀이터**

대나무 키 재기

여기는 모눈 나라 안의 대나무 숲속이에요. 키가 같은 대나무끼리 나란히 서 있네요. 대나무의 키를 따져 보면 곱셈식을 완성할 수 있어요. 빈칸에 알맞은 수를 써 보세요.

순서를 바꾸서 곱해도 곱이 같네?

마디가 몇 개씩 있는지 세어 봐.

2×3= **3** × **2**　　3× **4** = **4** × **3**　　 **3** × **5** = **5** × **3**

168

39

8주 5일 교과서 곱셈

단원 마무리

01 팽이는 몇씩 몇 묶음인지 서로 다른 두 가지 방법으로 나타내어 보시오.

> 문제 이해하기
>
> → 2씩 7묶음
>
> → 7씩 2묶음

> 답 구하기 2씩 7묶음, 7씩 2묶음

02 당근의 수는 오이 수의 몇 배입니까?

> 문제 이해하기
> 오이는 2개입니다.
> 당근을 2개씩 묶으면 2씩 4묶음입니다.
> → 당근 수는 2의 4배이므로 당근 수는 오이 수의 4배입니다.

> 답 구하기 4배

단원 마무리

03 음료수가 모두 몇 개인지 세 가지 곱셈식으로 나타내어 보시오.

> 문제 이해하기
> 2개씩 묶으면 8묶음 → 2×8=16
> 4개씩 묶으면 4묶음 → 4×4=16
> 8개씩 묶으면 2묶음 → 8×2=16

> 답 구하기 2×8=16, 4×4=16, 8×2=16

04 색연필은 모두 몇 자루입니까?

> 문제 이해하기
> 색연필이 7자루씩 4묶음 있습니다.
> 7의 4배 → 7+7+7+7=28
> → 7×4=28

> 답 구하기 28자루

교과서 곱셈

05 성주의 나이는 8살이고, 아버지의 나이는 성주 나이의 5배입니다. 아버지의 나이는 몇 살입니까?

> 문제 이해하기
> 아버지의 나이는 8살의 5배이고,
> 8의 5배 → 8+8+8+8+8=40
> → 8×5=40

> 답 구하기 40살

06 그림을 보고 빈칸에 알맞은 수를 써넣으시오.

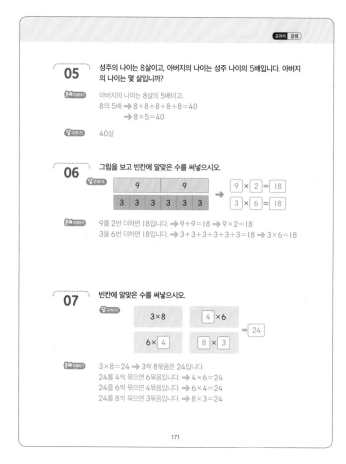

> 문제 이해하기
> 9를 2번 더하면 18입니다. → 9+9=18 → 9×2=18
> 3을 6번 더하면 18입니다. → 3+3+3+3+3+3=18 → 3×6=18

07 빈칸에 알맞은 수를 써넣으시오.

> 답 구하기
>
> 3×8   4×6
>
> 6×4   8×3   = 24

> 문제 이해하기
> 3×8=24 → 3씩 8묶음은 24입니다.
> 24를 4씩 묶으면 6묶음입니다. → 4×6=24
> 24를 6씩 묶으면 4묶음입니다. → 6×4=24
> 24를 8씩 묶으면 3묶음입니다. → 8×3=24

단원 마무리

08 오리 5마리와 돼지 4마리가 있습니다. 오리와 돼지의 다리는 모두 몇 개입니까?

> 문제 이해하기
> 오리의 다리 수: 2의 5배 → 2+2+2+2+2=10 → 2×5=10
> 돼지의 다리 수: 4의 4배 → 4+4+4+4=16 → 4×4=16
> → 다리 수의 합: 10+16=26

> 답 구하기 26개

09 □ 안에 알맞은 수를 구하시오.

□×3=27

> 문제 이해하기
> □×3은 □를 3번 더한 값과 같으므로 □+□+□=27입니다.
> 같은 수를 3번 더해서 27이 되는 수를 찾으면 9+9+9=27이므로 □=9입니다.

> 답 구하기 9

10 나타내는 수가 가장 큰 것을 찾아 기호를 쓰시오.

㉠ 2씩 9묶음   ㉡ 6의 5배   ㉢ 8+8+8+8   ㉣ 4×7

> 문제 이해하기
> ㉠ 2씩 9묶음 → 2+2+2+2+2+2+2+2+2=18
> ㉡ 6의 5배 → 6+6+6+6+6=30
> ㉢ 8+8+8+8=32
> ㉣ 4×7 → 4+4+4+4+4+4+4=28

> 답 구하기 ㉢

초등 수학 완전 정복 프로젝트

하루한장 쏙셈

- **구 성** 1~6학년 학기별 [12책]
- **콘셉트** 교과서에 따른 수·연산·도형·측정까지 연산력을 향상하는 연산 기본서
- **키워드** 기본 연산력 다지기

하루한장 쏙셈+ 플러스

- **구 성** 1~6학년 학기별 [12책]
- **콘셉트** 문장제부터 창의·사고력 문제까지 수학적 역량을 키우는 연산 응용서
- **키워드** 연산 응용력 키우기

하루한장 쏙셈 분수   하루한장 쏙셈 소수

- **구 성** 3~6학년 단계별 [분수 2책, 소수 2책]
- **콘셉트** 분수·소수의 개념과 연산 원리를 익히고 연산력을 키우는 쏙셈 영역 학습서
- **키워드** 분수·소수 집중 훈련하기

문해길 원리

- **구 성** 1~6학년 학기별 [12책]
- **콘셉트** 8가지 문제 해결 전략을 익히며 문장제와 서술형을 정복하는 상위권 학습서
- **키워드** 문장제 해결력 강화하기

문해길 심화

- **구 성** 1~6학년 학년별 [6책]
- **콘셉트** 고난도 유형 해결 전략을 익히며 최고 수준에 도전하는 최상위권 학습서
- **키워드** 고난도 유형 해결력 완성하기

www.mirae-n.com

학습하다가 이해되지 않는 부분이나 정오표 등의 궁금한 사항이 있나요?
미래엔 홈페이지에서 해결해 드립니다.

교재 내용 문의
1:1 문의 | 수학 과외쌤 | 자주하는 질문

교재 자료 및 정답
동영상 강의 | 쌍둥이 문제 | 정답과 해설 | 정오표

No.1 New Network
http://cafe.naver.com/mathmap

함께해요! ▶
바른 공부법 캠페인

궁금해요! ▶
교재 질문 & 학습 고민 타파

공부해요! ▶
미래엔 에듀 초·중등 교재

참여해요! ▶
선물이 마구 쏟아지는 이벤트

		초등학교
학년	반	이름

초등학교에서 탄탄하게 닦아 놓은
공부력이 중·고등 학습의 실력을 가릅니다.

하루한장 쏙셈

쏙셈 시작편
초등학교 입학 전 연산 시작하기
[2책] 수 세기, 셈하기

쏙셈
교과서에 따른 수·연산·도형·측정까지 계산력 향상하기
[12책] 1~6학년 학기별

쏙셈＋플러스
문장제 문제부터 창의·사고력 문제까지 수학 역량 키우기
[12책] 1~6학년 학기별

쏙셈 분수·소수
3~6학년 분수·소수의 개념과 연산·원리를 집중 훈련하기
[분수 2책, 소수 2책] 1~2권

하루한장 한자

그림 연상 한자로 교과서 어휘를 익히고 급수 시험까지 대비하기
[총12책] 1~6학년 학기별

하루한장 ENGLISH BITE

ENGLISH BITE 알파벳 쓰기
알파벳을 보고 듣고 따라쓰며 읽기·쓰기 한 번에 끝내기
[1책]

ENGLISH BITE 파닉스
자음과 모음 결합 과정의 발음 규칙 학습으로
영어 단어 읽기 완성
[2책] 자음과 모음, 이중자음과 이중모음

ENGLISH BITE 사이트 워드
192개 사이트 워드 학습으로 리딩 자신감 키우기
[2책] 단계별

ENGLISH BITE 영문법
문법 개념 확인 영상과 함께 영문법 기초 실력 다지기
[Starter 2책 , Basic 2책] 3~6학년 단계별

ENGLISH BITE 영단어
초등 영어 교육과정의 학년별 필수 영단어를
다양한 활동으로 익히기
[4책] 3~6학년 단계별

하루한장 한국사

큰별★쌤 최태성의 한국사
최태성 선생님의 재미있는 강의와 시각 자료로
역사의 흐름과 사건을 이해하기
[3책] 3~6학년 시대별

개념과 **연산 원리**를 집중하여
한 번에 잡는 **쏙셈 영역 학습서**

하루 한장 쏙셈
분수·소수 시리즈

하루 한장 쏙셈 분수·소수 시리즈는
학년별로 흩어져 있는 분수·소수의 개념을
연결하여 집중적으로 학습하고,
재미있게 연산 원리를 깨치게 합니다.

하루 한장 쏙셈 분수·소수 시리즈로
초등학교 분수, 소수의 탁월한 감각을 기르고,
중학교 수학에서도 자신있게 실력을 발휘해 보세요.

APP 다운로드

스마트 학습 서비스 맛보기
분수와 소수의 원리를
직접 조작하며 익혀요!

분수 1권
초등학교 3~4학년

❯ 분수의 뜻

❯ 단위분수, 진분수, 가분수, 대분수

❯ 분수의 크기 비교

❯ 분모가 같은 분수의 덧셈과 뺄셈

⋮